Carlos André Prauchner

Actividades biológicas de alimentos que contêm selénio

Carlos André Prauchner

Actividades biológicas de alimentos que contêm selénio

ScienciaScripts

Imprint

Cover image: www.ingimage.com

This book is a translation from the original published under ISBN 978-620-2-30963-9.

Publisher:
Sciencia Scripts
is a trademark of
Dodo Books Indian Ocean Ltd. and OmniScriptum S.R.L publishing group

120 High Road, East Finchley, London, N2 9ED, United Kingdom
Str. Armeneasca 28/1, office 1, Chisinau MD-2012, Republic of Moldova, Europe
Printed at: see last page
ISBN: 978-620-8-32295-3

Para o meu pai, Neziro Prauchner, *in memoriam*.

CONTEÚDO

APRESENTAÇÃO

O selénio (Se^{34}) é um oligoelemento relacionado com o enxofre e o telúrio, apresentando propriedades químicas semelhantes a este último. No entanto, nos sistemas biológicos, o selénio partilha com o enxofre várias etapas metabólicas em vias anabólicas e catabólicas, bem como em processos como a absorção pelas plantas a partir do solo ou pelos animais a partir do lúmen intestinal para as células epiteliais (Sors et al., 2005; Gierus, 2007).

A química do selénio pode ser dividida entre espécies inorgânicas e orgânicas. Entre os sais de selénio, os mais comuns são o selenito de sódio (Na2SeO3) e o selenato de sódio (Na2SeO4). Entretanto, os principais compostos orgânicos incluem os seleno aminoácidos selenocisteína (SeCys) e selenometionina (SeMet), ou seja, análogos dos aminoácidos sulfurados cisteína e metionina, respetivamente. Na sua síntese, o selénio é inserido através da substituição do enxofre na molécula do aminoácido (Nogueira e Rocha, 2011). Outros importantes seleno-organo compostos englobam os aminoácidos não protéicos metilselenocisteína (MetSeCys), γ-glutamil-metilselenocisteína (GGMeSeCys), selenocistationina, selenohomocisteína e γ-glutamil-selenocistationina, encontrados em algumas plantas (Nigam e McConnel, 1969; Ng e Anderson, 1978; Kotrebai et al, 2000; Pickering et al., 2000; Whanger, 2002; Pickering et al., 2003; Kapolna et al., 2009).

A bioquímica do selénio e o seu papel nos animais e nos seres humanos estão relacionados com a sua participação no sítio ativo de várias selenoenzimas. Atualmente, são reconhecidas pelo menos 25 proteínas que contêm selénio nos seres humanos. Entre elas, cinco formas de glutationa peroxidases (Flohe et al., 1973; Rotruck et al., 1973; Brown e Arthur, 2001; Kryukov et al., 2003); três formas de iodotironina-5'-deiodinases (Gross et al, 1995; Brown e Arthur, 2001); três formas de tioredoxina redutases (Brown e Arthur, 2001; Tapiero et al., 2003); selenoproteína P (Akesson et al., 1994); e selenoproteína W (Vandeland et al., 1993; Whanger, 2000).

À semelhança do iodo e do enxofre, o selénio apresenta um ciclo natural que compreende a sua evaporação do oceano, da superfície do solo e das folhas das plantas, que produzem compostos voláteis de selénio (Lag e Steinnes, 1974; Cooke e Bruland, 1987; Amouroux et al., 2001; Fordyce, 2005;). Posteriormente, o microelemento atinge a atmosfera, onde é transportado pelo vento e volta à superfície do solo sob a forma de pequenas partículas que sedimentam ou caem na água da chuva ou na neve (Lag e Steinnes, 1974; Fordyce, 2005). Assim, ao absorverem selénio dos solos, as plantas podem acumular o micronutriente nos seus tecidos comestíveis. Os animais de criação são geralmente alimentados com alimentos grosseiros e/ou cereais, que transferem o micronutriente para os tecidos animais e para os seus produtos, como a carne, o leite e os ovos. Assim, tanto os alimentos de origem vegetal como os de origem animal são importantes transportadores de selénio para a dieta humana (Prauchner, 2015).

Estimou-se que a quantidade total de selénio contido e transferido pela produção alimentar global, tendo em conta a sua concentração média para cada alimento, atingiria cerca de 400 toneladas por ano (Haug et al., 2007). Neste sentido, para atingir um consumo diário de selénio suficiente para prevenir certos tipos de cancro, ou seja, de 250 µg/pessoa/dia para a população humana global (cerca de 6,5 mil milhões de pessoas), calculou-se que seria necessário um total anual de 723 toneladas do micronutriente a ser consumido (Haug et al., 2007). Além disso, devido a variações relacionadas com o solo superficial, as caraterísticas das plantas cultivadas em cada país e os hábitos alimentares locais, a ingestão de selénio pela população humana pode variar substancialmente e a deficiência de selénio pode ser um problema em muitas partes do mundo.

De facto, tendo em conta a transferência do micronutriente dos solos para os organismos vivos e ao longo da cadeia alimentar, é possível que uma percentagem significativa da população mundial apresente um baixo nível de selénio. De acordo com as estimativas, este número pode atingir 0,5-1 mil milhões de pessoas (Combs e Combs, 1986). As culturas agrícolas podem ser pobres em selénio devido à sua baixa concentração na camada superficial do solo ou à baixa disponibilidade de selénio no solo para ser absorvido pelas raízes das plantas (ou a uma combinação de ambos os factores) (Haug et al., 2007), o que se reflecte num baixo nível de transferência do micronutriente ao longo da cadeia alimentar.

Assim, os geoecossistemas descarregados de selénio encontram-se em várias partes do mundo, como ao longo de uma extensa faixa do nordeste ao centro-sul da China (Tan et al., 2002); na Austrália; na região norte da Coreia do Norte; no Nepal; no Tibete; na região central de África, particularmente na República Democrática do Congo (Tapiero et al., 2003); na África do Sul (Courtman et al., 2012); no Bangladesh; e no Sri Lanka (Oldfield, 2002).

Nos EUA, os solos deficientes em selénio abrangem uma vasta região que cobre os vales e as montanhas de Beaverhead, Big Hole, a bacia do rio Bitterrot e as colinas a sudeste, bem como parte da bacia do rio Clark Fork, no Montana. Do mesmo modo, ao longo de uma faixa a oeste do rio Salt até ao rio Phoenix, também se encontram baixos níveis de selénio no solo, bem como em grande parte dos Estados do Wisconsin, Illinois, Indiana, Michigan, Ohio e ao longo de todo o oeste da Virgínia, Maryland, Pensilvânia, Nova Iorque e Nova Inglaterra

(Kubota et al., 1967; Combs, 2001). No entanto, a região identificada como contendo a menor concentração de selénio nos EUA situa-se a noroeste do Oceano Pacífico e ao longo de todo o sudeste do país, onde a concentração média de selénio nas forragens era inferior a 0,05 mg/kg de peso seco (Kubota et al., 1967).

Na Europa, as regiões constituídas por solos pobres em selénio encontram-se na Finlândia (Koljonen, 1973a,b,c; 1974; Gissel-Nielsen, 1975); uma parte da Escócia (Fordyce et al., 2010); Noruega; grande parte da Alemanha; e principalmente na Sérvia (Oldfield, 2002). No Norte da Ásia (Rússia), as regiões oriental e central da Sibéria são conhecidas por conterem solos deficientes em selénio (Combs, 2001). No Reino Unido (RU), um estudo realizado por Broadley e colaboradores (2006) concluiu que os solos contêm uma gama de concentrações totais de selénio entre 0,1 e 4 mg/kg, sendo que mais de 95% das amostras continham menos de 1 mg/kg. Outras regiões certamente constituídas por geoecossistemas deficientes em selénio incluem a Nova Zelândia, principalmente na

Ilha do Sul (Combs, 2001; Oldfield, 2002); e o planalto mexicano, onde foi medida uma concentração de selénio no solo tão baixa como 0,047 mg/kg (Ramfrez-Bribiesca et al., 2001).

Na Argentina, foram registados sintomas de doença do músculo branco em bovinos. A região conhecida pela deficiência de selênio abrange as províncias de Corrientes, Chaco, Santa Fé, Entre Rios, Buenos Aires e parte de Córdoba (Oldfield, 2002). No Brasil, nos municípios de Corumbá e Aquidauana (MS), localizados na região centro-oeste do país, foi avaliada a concentração de selênio em tecidos animais e identificados baixos teores do micronutriente (< 0,1 mg/kg), sugerindo que essas regiões seriam constituídas por solos deficientes em selênio (Moraes et al., 1999). A esse respeito, postula-se que solos com menos de 0,05 ppm de selênio resultarão em baixa concentração do micronutriente em volumosos, levando a alta incidência de doenças responsivas ao selênio em ovinos, enquanto solos contendo 0,5 ppm ou mais seriam considerados tóxicos (Oldfield, 2002).

Mesmo em relação ao Brasil, excetuando os habitantes da região amazônica, há evidências de que a maior parte da população brasileira apresenta baixo status de selênio (cerca de 5578 µg de Se/l no sangue) (Prauchner, 2014). Levando em consideração que seriam necessários entre 70-100 µg de Se /1 para garantir a plena expressão da enzima GSH-Px (Neve, 1995; Duffield et al., 1999; Rayman e Clark, 2000), seus níveis seriam suficientes para permitir uma expressão apenas razoável das selenoenzimas. Inclusive, foi demonstrado que as concentrações de selénio diminuem com o avançar da idade (Arnaud et al., 2007), tornando a suplementação necessária principalmente para a população idosa.

Por outro lado, o selénio tem uma segurança de permissão estreita entre essencialmente e toxicidade, com um intervalo de apenas 10 vezes. Assim, um nível de ingestão inferior a 40 µg/dia é considerado deficiente, enquanto o consumo de quantidades superiores a 400 µg/dia pode deflagrar sinais de toxicidade (Yang e Xia, 1995; Fordyce, 2007). Por conseguinte, foi sugerido que a forma mais segura de melhorar o estado de selénio da população humana seria através do consumo de alimentos enriquecidos com selénio (Hartikainen, 2005), porque a suplementação com comprimidos farmacêuticos tem sido associada a muitos episódios de envenenamento (Nuttall, 2006).

Alguns alimentos naturalmente enriquecidos com selénio incluem vegetais dos géneros *Brassica* e *Allium*. Além disso, determinados tipos de cogumelos também acumulam o micronutriente e são considerados alimentos enriquecidos com selénio. Além disso, não podemos esquecer que existem alguns frutos silvestres que são ricos em selénio, como as famosas castanhas do Brasil, um produto original da região amazónica. Entre as espécies de interesse agronómico, o milho, o trigo e o arroz, embora normalmente pobres em selénio, são três culturas básicas que podem ser introduzidas em programas de biofortificação para serem enriquecidas com este micronutriente. As carnes, principalmente as vermelhas, e as vísceras, como o fígado e os rins, são igualmente enriquecidas com selénio. O leite e os ovos são outros alimentos de origem animal passiveis de serem trabalhados como portadores plausíveis de selénio para a dieta humana. Os peixes, bem como alguns frutos do mar, também são alimentos naturalmente enriquecidos com selénio (Prauchner, 2015).

No entanto, mais importante do que a concentração total de selénio nos alimentos, a sua bioacessibilidade, biodisponibilidade, bioatividade e especiação devem ser tidas em conta ao avaliar o verdadeiro valor biológico do selénio nos alimentos. De facto, o corpo humano depende não só das concentrações, mas também das espécies químicas que produzem actividades mais diversas no organismo.

O verdadeiro valor biológico de um alimento contendo selénio pode ser estimado pela sua capacidade de induzir a síntese de determinada selenoenzima. Na maioria das vezes, os estudos comparam a atividade da GSH-Px entre um grupo tratado com um composto padrão (geralmente Na2SeO3, por vezes Na2SeO4) e outro alimentado com o alimento testado (Thiry et al., 2012). Foi sugerido que a atividade das glutationa peroxidases poderia atingir um patamar em concentrações de selénio numa gama de 95-115 µg/l para espécies inorgânicas e de 110-135 µg/l para espécies orgânicas. Entre as glutationas peroxidases, a isoforma plaquetária parece ser mais sensível à suplementação com selénio se esta for efectuada através da administração de espécies inorgânicas selenito e selenato, mas não devido ao tratamento com formas orgânicas como a levedura enriquecida com selénio, SeMet e o selénio alimentar (Neve, 1995). No entanto, é possível que a selenoproteína P possa ser tão fiável como outros indicadores ou mesmo um biomarcador mais sensível do estado do selénio (Marchaluk et al., 1995; Hill et al., 1996; Persson-Moschos et al., 1998; Fairweather-Tait et al., 2010), pelo menos para níveis baixos e moderados (na gama de 83-135 µgA) (Duffield et al., 1999; Fairweather-Tait et al., 2010). As iodotironina-5'-deiodinases podem atingir a sua atividade óptima em concentrações de selénio no plasma de cerca de 65 µgA (Duffield et al., 1999). Em conjunto, deve ser enfatizado que, de acordo com o perfil dos compostos de selénio nos alimentos, a intensidade e a diversidade das actividades biológicas podem variar.

A especiação é definida pelas caraterísticas físicas e químicas de um elemento, ou seja, o seu estado de oxidação, estequiometria ou presença de possíveis ligandos (Reeder et al., 2006). Existem alguns trabalhos que procuram identificar diferentes compostos selénicos nos alimentos. Além disso, os estudos foram geralmente direcionados para alguns compostos que são mais comuns e que podem ser encontrados nos alimentos, mas negligenciaram o facto de muitos outros compostos poderem estar também em partes comestíveis de vegetais e animais (Thiry et al., 2010).

Seria desejável que um alimento pudesse desempenhar não apenas uma função nutricional, mas também promover melhorias na nossa saúde. Neste sentido, determinados alimentos enriquecidos com selénio podem ser considerados nutracêuticos. Por exemplo, o selénio presente nos alimentos pode ajudar a diminuir o stress oxidativo e a inflamação relacionados com doenças infecciosas, atenuar o envenenamento por metais pesados, prevenir doenças cardiovasculares e proteger contra alguns tipos de cancro (Lemire et al., 2006; Prauchner et al., 2011; Prauchner, 2015). Neste contexto, deve ser dada especial atenção às espécies de selénio metilado, como o MetSeCys (CH3SeCys) e o seu principal metabolito endógeno, ou seja, o metilselenol (CH3SeH) (Ip, 1998; Ganther, 1999; Ip et al., 2000a).

Assim, os textos que se seguem pretendem i) resumir alguns aspectos relacionados com o teor e especiação de selénio nos alimentos; ii) discutir o seu verdadeiro valor biológico para as células animais; e iii) comentar o metabolismo específico das espécies de selénio pelos hepatócitos, que são fundamentais na geração de compostos capazes de exibir diferentes actividades biológicas do micronutriente no corpo humano.

CAPÍTULO 1

SELÉNIO NOS ALIMENTOS

1.1 - Introdução

Uma vez que o selénio é um elemento químico que se encontra no solo, a principal fonte de selénio para os organismos vivos são as plantas. Assim, os cereais e as forragens transferem o micronutriente para a dieta dos animais e dos seres humanos. Os animais herbívoros, como os bovinos e os ovinos, são alimentados com forragens que, em geral, apresentam baixas concentrações de micronutrientes em peso seco. Grãos como o milho, o sorgo, a aveia, o trigo e a cevada contêm uma concentração intermédia baixa de selénio em peso seco. Esses grãos são fornecidos aos animais herbívoros, na maioria das vezes, em níveis baixos. Mais recentemente, o gado leiteiro e o gado de corte têm sido alimentados com farinhas totais, que contêm silagem, feno, grãos, vitaminas e suplementos minerais. Da mesma forma, suínos, aves e galinhas recebem dietas formuladas com grãos, principalmente de milho e soja. Assim, a carne e os produtos lácteos, como o leite e os ovos, representam bons portadores de selénio para a alimentação humana. Além disso, os animais criados em sistemas intensivos e que recebem farinhas totais ou uma elevada proporção de cereais na dieta podem ser introduzidos em programas de biofortificação através do fornecimento de selénio, quer sob a forma de sais inorgânicos quer de levedura enriquecida com selénio.

Nos vegetais e subprodutos, os níveis mais elevados encontram-se nos vegetais dos géneros *Brassica* e *Allium*, geralmente utilizados na dieta humana. Assim, a mostarda indiana, os brócolos, a couve, o alho, a cebola, o alho francês, etc., são importantes fornecedores de selénio para o ser humano. Excecionalmente, as castanhas do Brasil e determinados tipos de cogumelos também são alimentos ricos em selénio. Os cereais mais comuns na dieta humana, como o trigo, o arroz e o milho, normalmente apresentam níveis intermediários baixos de selénio, mas são passiveis de serem introduzidos em programas de biofortificação através do fornecimento do micronutriente no solo ou em fertilizantes foliares.

De um modo geral, os alimentos proteicos como carnes, leites, queijos, ovos, peixes e frutos do mar apresentam teores mais elevados de selénio em peso seco, e representam bons portadores do micronutriente para a dieta humana.

Embora seja importante destacar alguns alimentos mais ricos em selénio, porque contêm uma elevada concentração do micronutriente em peso seco, o nível de consumo de cada alimento também deve ser tido em conta. Por exemplo, os frutos do mar e as nozes contêm altos níveis de selénio, mas como são caros, o seu consumo é geralmente restrito a uma pequena percentagem da população mundial. Assim, os programas de biofortificação visam normalmente alimentos generalizados e baratos, como o trigo, o arroz, o milho e os seus derivados. A seguir, esses temas serão descritos com mais pormenores.

1.2 - Alguns alimentos enriquecidos com selénio

Por vezes, os valores das tabelas que agrupam vários compostos de selénio identificados num determinado tipo de alimento podem induzir em erro. Em geral, principalmente nos vegetais, é possível que tenham sido fertilizados com alguma fonte de selénio. A concentração do microelemento no meio de cultura, a presença de iões competidores, o pH e a concentração de matéria orgânica do substrato, entre outros factores, provavelmente farão com que haja diferenças entre as condições experimentais e as encontradas na maioria dos solos de cultivo. O nível e a forma química do selénio nos alimentos também podem variar de acordo com as caraterísticas do solo onde os alimentos são produzidos (Prauchner, 2015).

Além disso, a forma como um alimento é conservado e/ou preparado pode exercer alguma influência. Por exemplo, a congelação, a cozedura e a fervura podem induzir alterações na distribuição do selénio entre as espécies inicialmente encontradas, ou mesmo, facilitar a perda de alguns compostos selénicos (Pedrero et al., 2006; Pedrero e Madri, 2009).

Embora muitos grãos e vegetais possam estar contaminados com pesticidas, incluindo aqueles considerados desreguladores endócrinos (Prauchner, 2018), algumas espécies de plantas mostram potencial para absorver selénio do solo e acumulá-lo nos seus tecidos, tornando o consumo destes alimentos recomendado. Assim, existem plantas acumuladoras, indicadoras e não acumuladoras de selénio (Sors et al., 2005). A maioria das espécies de interesse agronómico são não acumuladoras de selénio. Em geral, as plantas são consideradas mais pobres em selénio (< 10 ng/g numa base de peso fresco) (Thiry et al., 2010), mas existem algumas excepções.

No *género Brassica* (família *Brassicaceae* ou *Cruciferae*), a mostarda da Índia (*Brassica juncea* L.), os brócolos (*Brassica oleracea botrytis* L.), a couve (*Brassica oleracea* var. *capitata*) e a canola (*Brassica napus* sp. *Olifera* L.); e no género *Allium*, o alho (*Allium sativum* L.), a cebola (*Allium cepa* L.) e o alho-francês (*Allium tricoccum* L.) são classificados em conjunto como hiperacumuladores primários. As espécies pertencentes à família *Brassicaceae* são capazes de acumular mais de 4.000 mg de Se/kg de peso seco

(Prauchner, 2015). Em condições de campo, observou-se que brócolis ou canola crescendo no lado oeste do vale central da Califórnia poderia conter até 7 µg de Se/g de peso seco (Banuelos et al., 2002). Além disso, noutra pesquisa, foi medido cerca de 950 µg de Se/g de peso seco em brócolos cultivados em condições experimentais (Banuelos et al., 1997) (Quadro 1). No entanto, Adhikari (2012) mediu cerca de 70 µg de Se/kg de peso seco em cebola. Reilly e colaboradores (2014) relataram que as plantas de cebola cultivadas em condições experimentais apresentaram concentrações de selénio nos bolbos entre 0,5-5,9 µg/g de peso seco e entre 40,6-70 µg/g de peso seco para os grupos de controlo e fertilizados com selénio, respetivamente.

Tabela 1 - Teor de selénio (µgg de peso seco) medido em vegetais dos géneros *Brassica* e *Allium* cultivados em solos naturalmente enriquecidos com selénio ou em condições experimentais com suplementação do micronutriente.

Vegetable species	Selenium (µg/g DW)
Indian mustard (*Brassica juncea*)	140-1000
Ethiopian mustard (*Brassica carinata*)	40-1000
Brussels sprouts (*Brassica oleracea*)	34
Radish (*Raphanus sativum*)	1400-2000
Canola (*Brassica napus*)	3-7[a]
Broccoli (*Brassica oleracea*)	150-950
Garlic (*Allium sativum*)	70-1350
Onion (*Allium cepa*)	100-140
Leek (*Allium tricoccum*)	50-520

[a]Naturally grown in high selenium area of California.
Adapted from Keck and Finley (2004).

Os grãos de milho (*Zea mays* L.) são os principais componentes da dieta de uma grande parte da população humana na África do Sul. Em seguida, Courtman e colaboradores (2012) realizaram um estudo para determinar os níveis de selénio em 896 amostras de grãos de milho recolhidas em 231 silos distribuídos aleatoriamente ao longo do país. Eles relataram que 94% das amostras apresentaram concentração de selénio abaixo de 50 µg kg de peso seco, sendo considerado deficiente. Inclusive, uma grande parte (26%) das amostras não continha selénio detetável. Este estudo demonstrou também que o milho amarelo tinha geralmente um teor de selénio mais baixo do que o branco.

O trigo (*Triticum aestivum*) e o arroz (*Oryza sativa* L.), devido ao seu consumo mais alargado em todo o mundo, representam bons transportadores de selénio para a dieta humana. No entanto, com exceção do trigo canadiano e americano, os cereais contêm normalmente baixos níveis de selénio (Hawkesford e Zhao, 2007).

Realmente, os cereais e derivados podem conter uma grande variedade de concentrações de selénio, ou seja, entre 10 e 550 µg/kg numa base de peso fresco (WHO/FAO, 2001). Os grãos de trigo produzidos em regiões com solos naturalmente enriquecidos com selénio, como o Dakota do Norte e do Sul nos EUA, podem conter mais de 2.000 µg de Se/kg de peso seco (Combs e Combs, 1986). Wolnik e colaboradores (1983) mediram uma gama de 105 300 µg de Se/kg de peso fresco, com um valor médio de 160 µg Se/kg, em 290 amostras de trigo colhidas nas principais zonas produtoras dos EUA. No Canadá, foram medidas concentrações médias de 760 µg de Se/kg de peso seco (variação entre 230-3.060 µg/kg de peso seco) (Boila et al., 1993), enquanto os grãos de culturas de trigo na China, em regiões onde foram registados casos da doença de Keshan, apresentaram níveis tão baixos como 3-7 µg/kg (WHO/FAO, 2001). Na Europa, o trigo também contém geralmente baixos níveis de selénio. Por exemplo, nos países escandinavos, as concentrações médias situam-se entre 7-18 µg de

Se/kg (Gissel-Nielsen et al., 1984). Os grãos britânicos parecem conter uma gama de 6-858 µg de Se/kg de peso seco, com um valor médio de 32 µg de Se/kg de peso seco (Adams et al., 2002). De um modo geral, o trigo britânico contém níveis de selénio 10 vezes mais baixos do que o americano. Na Austrália e no México, os grãos de trigo parecem conter uma gama de 5-720 µg de Se/kg, com uma média de 155 µg de Se/kg (Lyons et al., 2005a). Nesta pesquisa, foram avaliados os níveis de selénio em grãos de parentes ancestrais e selvagens do trigo, acessos de variedades autóctones de trigo, populações e cultivares comerciais. Os investigadores observaram que o trigo diploide (*Aegilops tauschii*) e o centeio tinham uma concentração de selénio no grão 42% e 35% superior, respetivamente, à de outros cereais em ensaios de campo separados realizados no México e na Austrália (Lyons et al., 2005a). Foi demonstrado que as plantas de trigo toleram uma vasta gama de concentrações de selénio quando aplicadas como fertilizantes no solo ou foliares, com maior tolerância ao selenato. Assim, seria possível fertilizar as culturas de trigo com selénio através de fertilizantes de solo de 4-200 g/ha como selenato sem sinais de fitotoxicidade para as plantas (Lyons et al., 2005b). Assim, tendo em conta a capacidade da cultura do trigo para tolerar e acumular níveis elevados de selénio e o grande consumo de derivados do trigo pelos seres humanos, em muitos países, como a Finlândia e a Austrália, as culturas de trigo foram introduzidas em programas de fortificação agronómica através da aplicação de selénio no solo ou como fertilizantes foliares (Lyons et al., 2004; Hartikainen, 2005; Lyons et al., 2005c).

No oriente, o arroz é amplamente consumido, fazendo da sua biofortificação uma alternativa interessante para enriquecer a dieta da população oriental com selénio (Chen et al., 2002; Oliveira et al., 2015). Bieri e Ahmad (1976) verificaram que a concentração de selénio neste cereal produzido no Bangladesh variou entre 0,06 e 0,17 mg/kg, enquanto os grãos de arroz produzidos no estado americano da Louisiana continham cerca de 0,46 mg/kg do micronutriente. Chen e colaboradores (2002) mediram o nível de selénio no arroz produzido na China e registaram concentrações médias de cerca de 0,025 mg/kg de peso seco. Noutro estudo, Liu e colaboradores (2009) determinaram as concentrações de selénio de 10 cultivares do cereal e registaram valores médios de 0,024 mg de Se/kg de peso seco para o arroz integral. No entanto, uma parte considerável do selénio é perdida durante o processo de polimento do grão (Hart et al., 2011). Assim, tanto a farinha de trigo integral como os grãos de arroz integral contêm mais selénio do que os correspondentes grãos brancos (Liu et al., 2009; Hart et al., 2011).

Em relação à biofortificação do arroz, Chen e colaboradores (2002) relataram que o fornecimento de selénio por pulverização (como fertilizante foliar), na dose de 20 g/ha, resultou na elevação da concentração do micronutriente nos grãos de 0,025 mg/kg de peso seco (grupo de controlo) para 0,47 e 0,64 mg/kg de peso seco, quando aplicado na forma de selenito de sódio e selenato de sódio, respetivamente. O teor de selénio do arroz com a aplicação de um adubo de selenato foi 35,9% mais elevado do que com um adubo de selenito, mostrando que o adubo enriquecido com selénio em selenato apresentou uma maior eficiência no aumento do teor de selénio nos produtos à base de arroz. Com base numa ingestão diária de arroz na dieta de 300-500 g sugerida pela China Nutrition Society, a ingestão total de selénio proveniente do arroz normal foi calculada em 7,5-12,5 μg por pessoa, por dia, para um adulto. No entanto, segundo os autores, os produtos de arroz enriquecidos com selénio podem aumentar a ingestão diária de selénio, em média, em 100-200 μg de Se pelo consumo de 400 g de produtos de arroz, se o nível de selénio dos produtos de arroz puder ser controlado em 0,3-0,5 μg de Se/g (Chen et al., 2002).

Hu e colaboradores (2002) relataram um aumento de 10 vezes no conteúdo de selénio de grãos de arroz polido maduro devido a uma única aplicação de pulverização foliar de 14-18 g/ha na fase de cabeçalho. Entretanto, foi demonstrado que a fertilização com 100 g/ha de selenito pode aumentar o teor de selénio no arroz até 55 vezes (de 0,032 para 1,79 mg/kg) (Fang et al., 2009). Wang e colaboradores (2013) fertilizaram culturas de arroz através da pulverização foliar de selenito a 10,5 g/ha e observaram um aumento de cerca de 51 vezes no teor de selénio dos grãos, sendo que este se encontrava principalmente na forma de SeMet. Além disso, a fertilização foliar com selênio causou um aumento de aproximadamente 1,29 vezes no rendimento de grãos, demonstrando benefícios também para o crescimento/produção da cultura do arroz.

Além disso, alguns tipos de cogumelos, como as espécies *Agaricus bisporus* e *Boletus edulis*, são capazes de acumular níveis elevados de selénio nos seus tecidos (Prauchner, 2015). Em relação aos alimentos silvestres ricos em selênio de origem vegetal, é preciso lembrar da castanha-do-brasil (*Bertholletia excelsa),* um importante produto de exportação obtido por atividade extrativista desenvolvida por seringueiros e outros trabalhadores nativos da região amazônica. A castanha é rica em compostos fenólicos, flavonóides, isoflavonas e terpenos, que são responsáveis pela sua capacidade antioxidante. Esses compostos estão localizados, principalmente, na camada externa das amêndoas ("pele marrom") (John e Shahidi, 2010). As proteínas das castanhas do Brasil são ricas em aminoácidos sulfurados. Durante a sua síntese, o Met é substituído pelo SeMet, resultando na acumulação deste seleno aminoácido nos frutos (Kannamkumarath et al., 2005). Em relação ao teor de selênio total em castanhas brasileiras, um estudo desenvolvido por Chang e colaboradores (1995) relatou que a concentração média em amêndoas coletadas em uma região do Estado do Acre e outra no Estado de Rondônia (Amazônia brasileira) seria de cerca de 3 mg de Se/kg de peso fresco, enquanto que para frutos coletados em uma região próxima à cidade de Manaus e Belém (Amazônia brasileira) seria de, aproximadamente, 36 mg de Se/kg de peso fresco. De maneira geral, as castanhas do Brasil e alguns tipos de cogumelos são capazes de acumular concentração total de selênio para atingir níveis superiores a 5.000 ng/g de peso fresco (Thiry et al., 2010).

Normalmente, os alimentos que contêm proteínas, como os produtos de origem animal (principalmente carne e seus derivados), são mais ricos em selénio e bons transportadores do micronutriente para a dieta humana. Neste sentido, Daun e Akesson (2004) mediram os níveis de selénio solúvel e total em dois músculos de frango, peru, pato (músculo das pernas e do peito), avestruz (bife e filete) e cordeiro (*Psoas major* e *Longissimus dorsi*). Observaram que os níveis de selénio eram mais elevados nos músculos dos patos (0,149 mg/kg de peso fresco; 0,139 mg/kg de peso fresco), seguidos dos borregos (0,171 mg/kg de peso fresco no músculo *Psoas major* e 0,086 mg/kg de peso fresco no músculo *Longissimus dorsi*), das galinhas (0,117 mg/kg de peso fresco; 0,109 mg/kg de peso fresco), das avestruzes (0,106 mg/kg de peso fresco; 0,103 mg/kg de peso fresco) e dos perus (0,110 mg/kg de peso fresco; 0,07 mg/kg de peso fresco). O nível de selénio era também mais elevado nos músculos oxidativos (vermelhos) dos borregos e dos perus do que nos glicolíticos (brancos) das mesmas espécies. O músculo *Psoas major* dos cordeiros apresentou a menor percentagem de selénio solúvel do que todos os outros músculos avaliados nesta pesquisa (Daun e Akesson, 2004). Num outro trabalho, Juniper e colaboradores (2009) estudaram a deposição de selénio total e dos aminoácidos SeMet e SeCys nos tecidos de cordeiros alimentados com cerca de 6 mg de Se/kg de dieta sob a forma de extrato de levedura. Os cordeiros foram abatidos após 91 dias de suplementação. O selénio total recuperado do músculo *Psoas major* foi de 7,02 mg de Se/kg de peso seco e no músculo *Longissimus dorsi* o nível atingiu 7,82 mg de Se/kg de peso seco. Em relação à espécie bovina, um estudo realizado no Uruguai com touros Bradford e Hereford criados em sistema de pastagem investigou a distribuição de selênio, cobre, zinco, ferro e manganês de sete cortes de carne desses animais (Cabrera et al., 2010). Estes autores observaram que, nos touros Hereford, os níveis de selénio na carne se situavam entre 0,42 e 1,20 mg/kg, enquanto que nos touros Bradford a variação era entre 0,43 e 1,3 mg/kg de peso fresco. Na raça Hereford, o lombo, a ponta tripla e o pernil com 3 costelas apresentaram um nível significativamente mais elevado de selénio em comparação com o olho da alcatra, o lombo, o olho redondo e o rolo de costela. Em Bradford, com exceção do lombo, a ponta tripla e o entrecosto de três costelas apresentaram um teor significativamente mais elevado em comparação com outras peças de carne. O olho redondo apresentava um teor de selénio significativamente mais elevado em Hereford do que em Bradford.

Normalmente, tendo em conta que as rações dos animais contêm 0,1-0,3 mg/kg de $Na_2 SeO_3$ (peso seco), a maioria das espécies deposita nos músculos entre 0,3-0,4 mg de Se/kg de peso fresco (Combs e Combs, 1986). As visceras como o fígado e o rim são também muito ricas neste micronutriente entre os produtos animais, com concentrações que podem ultrapassar 1 000 ng de Se/g de peso fresco (Thiry et al., 2010). Assim, o fígado da maioria das espécies contém geralmente cerca de 4 vezes mais selénio do que os músculos esqueléticos; os rins de touros, cordeiros e suínos podem acumular 10 a 16 vezes a quantidade depositada nos músculos (Maus et al., 1980).

Maus e colaboradores (1980) desenvolveram um estudo com gado leiteiro que demonstrou haver uma correlação positiva entre a concentração plasmática de selénio e a sua secreção no leite, sendo que a aproximadamente 120 µg de Se/l no plasma corresponderia uma secreção de cerca de 50 µg de Se/l no leite. Este patamar seria atingido com o consumo de 6 mg de Se/vaca/dia (Maus et al., 1980). Considerando a necessidade diária de selénio para pessoas adultas, que é de 55 µg para homens e mulheres, o consumo de um copo de leite (200 ml) contendo 56 µg de Se/l transportaria 11,2 µg de Se, correspondendo a 20% da necessidade diária. No caso das crianças em aleitamento, cujas necessidades se situam entre 10 e 15 µg de Se/dia (Committee on Dietary Allowances, 1989), o consumo de 200 ml deste leite preencheria, pelo menos, 74%-100% das suas necessidades diárias de selénio. Ortman e Pehrson (1999) suplementaram a dieta de vacas leiteiras com 0,24-0,31 mg/kg de peso seco com selenito de sódio, selenato de sódio ou levedura enriquecida com selénio. Observaram que, às 12 semanas de suplementação, as concentrações de selénio no plasma eram de 138 µgA, 141 µgA e 165 µgA, respetivamente. As concentrações médias de selénio no leite foram de 16,4 µgA, 16,4 µg"'l e 31,2 µg"'l para o grupo suplementado com selenito, selenato e levedura de selénio, respetivamente. Os níveis de selénio no leite atingiram um patamar logo na primeira semana após o início da suplementação (Ortman e Pehrson, 1999).

Em relação aos ovos, Bargellini e colaboradores (2008) investigaram os efeitos da suplementação da dieta de galinhas poedeiras com selénio e a sua deposição na gema do ovo. Além disso, os pesquisadores também avaliaram o efeito da suplementação de iodo sobre a deposição de selênio na gema dos ovos. Para isso, os lotes foram divididos em controle (alimentados com ração comercial); suplementados com selênio (1 mg/kg de ração) e suplementados com selênio mais iodo (1 mg de Se mais 3,7 mg de I/kg de ração). A suplementação foi fornecida aos animais durante 6 semanas, e o selénio estava na ração sob a forma de extrato de levedura. Os investigadores observaram que a suplementação com selénio resultou num aumento de 39% da sua concentração nas gemas de ovos, ou seja, o selénio aumentou de um nível basal de 1,15 µg g de peso seco (grupo de controlo) para 1,60 µgg de peso seco (grupo suplementado com Se). Além disso, Bargellini e colaboradores (2008) observaram que a incorporação de iodo associado ao selênio à ração causou maior deposição do último micronutriente nos ovos, com um incremento de 61% em relação ao grupo controle, ou seja, de 1,23 µg de Se/g de peso seco (grupo controle) para 1,98 µg de Se/g de peso seco (Se mais I). Inclusive, a incorporação de iodo em rações enriquecidas com selénio resultou numa deposição do micronutriente cerca de 24% superior nas gemas de ovo, ou seja, de 1,60 µg de Se/g de peso seco (grupo Se) para 1,98 µg de Se/g de peso seco (grupo Se mais I). Assim, os ovos podem contribuir para a ingestão diária total de selénio através da dieta humana, principalmente os produzidos por técnicas de biofortificação, e a suplementação de iodo juntamente com selénio permite enriquecer ainda mais os ovos com os dois micronutrientes essenciais (Quadro 2).

Quadro 2 - Teor de selénio em vários produtos de origem animal e seus derivados produzidos em diferentes países.

Food	Selenium content (mg/kg)		
	USA	Canada	Finland[a]
Swine meat	0.04–0.24	0.31	0.01–0.09
Beef cattle	0.06–0.27	-----	0.01–0.03
Broiler	0.10–0.12	-----	0.08–0.14
Swine liver	0.64	0.36	0.34-0.51
Beef liver	0.43	0.50	0.03–0.13
Swine kidneys	1.90–2.21	3.22	1.54–1.76
Beef kidneys	1.45–1.70	2.31	0.62–0.78
Freshwater fish	0.34–0.37	0.59	0.12–0.53
Sea fish	0.12–1.41	0.75–1.48	0.11–0.80
Milk	0.06	0.15	0.001–0.004
Cheese	0.09	-----	0.02–0.04
Youghurt	0.05	-----	0.003
Eggs	0.10	0.39	0.02–0.16

[a]Before onset of biofortification techniques.
Adapted from Jezek and coworkers (2012).

Entre os produtos dos ecossistemas aquáticos e marinhos, os peixes e os crustáceos são ricos em selénio (de 200 a > 1 000 ng de Se/g de peso fresco) (Thiry et al., 2010). Muitos minerais que se encontram dissolvidos na água do mar, como o selénio, são assimilados pelos organismos marinhos, em particular pelos filtradores, como os crustáceos, que acumulam nas suas vísceras metais provenientes do ambiente marinho. Os peixes predadores mais a montante na cadeia alimentar podem também acumular o micronutriente. A este respeito, Plessi e colaboradores (2001) mediram as concentrações de selénio nas partes comestíveis de uma espécie de peixe de água doce e em mariscos, disponíveis no mercado em Itália. Para os peixes, relataram que a concentração de selénio era de cerca de 0,073 mg/kg de peso seco na perca (*Perca fuviatilis*), o único peixe de água doce avaliado no estudo. Para os peixes marinhos, como o salmão do Alasca (*Salmo salar*), a sardinha (*Sardina pilchardus*), a juliana do Alasca (*Teragra chalcogramma*), o espadarte (*Xiphias gladius*) e o atum (*Thunnus thynnus*), os níveis foram de 0,353 mg/kg, 0,678 mg/kg, 0,164 mg/kg, 0,283 mg/kg e 0,734 mg/kg de peso fresco, respetivamente. Para todos os peixes analisados no estudo, o valor médio foi de 0,307 mg/kg de peso fresco (Plessi et al., 2001). Em relação aos peixes manufaturados, Mai e colaboradores (2011) mediram os níveis de selénio no atum enlatado e relataram valores entre 152,7 µg/kg para o atum enlatado branco embalado em água e de 137,4 µg "kg para o atum enlatado branco embalado em óleo. Para o atum enlatado leve embalado em água, foi medida uma média de 161,1 µg/kg e para o atum enlatado leve embalado em óleo foi relatado um nível médio de 137,8 µg/kg (Mai et al., 2011). Outros pesquisadores mediram o selênio em tecidos de bacalhau e tubarão e relataram níveis de 0,36-1,33 mg / kg e 2 mg / kg de peso fresco, respetivamente (Crews et al., 1996; Dnz Huerta et al., 2004; Reyes et al., 2009). Mas, especificamente, foi referido que a pele das baleias pode concentrar selénio a um nível tão elevado como 47,9 mg/kg (Dietz et al., 1997) ou até 179 mg/kg (Savery et al., 2013). Relativamente aos crustáceos e outros animais marinhos, Plessi e colaboradores (2001) comunicaram níveis de 0,067 mg/kg, 0,509 mg/kg, 0,605 mg/kg, 0,444 mg/kg e 0,176 mg/kg de peso fresco para a lagosta (*Palinurus borealis*), o camarão mediterrânico (*Parapenaeus longirostris*), o mexilhão (*Mytilus edulis*), a lula (*Loligo vulgaris*) e o polvo (*Octopus vulgaris*), respetivamente. Para todos os moluscos analisados no estudo, o valor médio foi de 0,328 mg/kg de peso fresco. Numa outra pesquisa, Yamashita e colaboradores (2013) mediram os níveis de selénio total em determinadas porções comestíveis de vários peixes e mariscos no Japão. Verificaram que o filete de músculo de Alfonsino (*Beryx splendens*) continha o nível mais elevado de selénio (1,27 mg/kg de peso fresco) entre os músculos de peixe examinados neste estudo. Foram também encontrados níveis elevados de selénio (1,07 e 1,20 mg/kg de peso fresco, respetivamente) no ovário do arenque do Pacífico (*Clupea pallasii*) e no ovário salgado da tainha (*Mugil cephalus*). Nos músculos de outros peixes, os níveis de selénio variaram entre 0,12 e 0,77 mg/kg de peso fresco. No filete e na pele da truta arco-íris (*Onchorynchus mykiss*), os níveis do micronutriente eram de cerca de 0,29 mg/kg de peso fresco. Surpreendentemente, na ostra foram medidos níveis de selénio tão elevados como 3,6 mg/kg (Moreno et al., 2004) (Figura 1).

Kristan e colaboradores (2004) determinaram o selénio em três espécies de peixes de água doce introduzidas [truta castanha (*Salmo trutta*), truta arco-íris (*Oncorhynchus mykiss*) e truta de ribeiro (*Salvelinus fontinalis*)] e numa espécie nativa [perca crioula (*Percichthys trucha*)] que vivem em lagos não poluídos localizados na Argentina. Verificaram que o selénio total no músculo se situava num intervalo de 0,66-1,61 µg/g de peso seco e no fígado entre 4,46-73,71 µg/g de peso seco.

Figura 1 - Alguns alimentos enriquecidos com selénio. O gado bovino obtém selénio a partir de alimentos grosseiros e grãos, transferindo-o para os músculos bovinos e para os cortes de carne (A). As hortaliças, principalmente dos gêneros *Brassica* e *Allium*, são classificadas como hiperacumuladoras de selênio e representam importantes fontes do micronutriente para a dieta humana (B). A castanha do Brasil é um exemplo de fruto silvestre naturalmente enriquecido com selénio (C). Algumas espécies de cogumelos comestíveis também acumulam altos níveis do micronutriente nos seus tecidos (D). Os peixes (E) e (F) os frutos do mar são outras boas fontes de selénio para a dieta humana (todas as imagens são de www.google.image.com).

Apesar de muitos alimentos parecerem ser ricos em selénio, este micronutriente encontra-se nos alimentos sob diferentes formas químicas. De acordo com o perfil das espécies de selénio, a bioacessibilidade, a biodisponibilidade e a bioatividade podem variar. Além disso, a atividade biológica depende das vias do metabolismo hepático, que diferem principalmente para as espécies orgânicas e inorgânicas de selénio, resultando em metabolitos com propriedades diferentes.

CAPÍTULO 2

ESPECIAÇÃO DO SELÉNIO NOS ALIMENTOS

2.1 - Introdução

Em relação ao metabolismo do selénio, existem plantas que toleram baixos níveis do micronutriente nos tecidos em peso fresco, outras que toleram níveis moderados e, finalmente, aquelas que podem crescer e concentrar altos níveis de selénio nos tecidos em peso fresco. Em geral, as espécies de interesse agronómico são não acumuladoras de selénio, como o trigo, o arroz, o milho, a aveia, a cevada, o centeio, a soja, o feijão, etc. Estas contêm geralmente selénio nos seus tecidos sob a forma de sais inorgânicos, selenito de sódio e selenato de sódio.

No entanto, entre os vegetais consumidos pelos seres humanos, as espécies dos géneros *Brassica* e *Allium* são plantas acumuladoras de selénio. No seu metabolismo, podem acumular níveis relativamente elevados do micronutriente. Nestas plantas, o selénio é absorvido do solo pelas raízes e transferido para os tecidos, sendo normalmente acumulado nas folhas, nos rebentos, nas inflorescências e nos grãos/frutos/bolbos. O metabolismo do selénio nestas plantas envolve vias de assimilação do selénio, síntese de compostos voláteis e desvio da inserção em proteínas pela formação de compostos metilados, como os aminoácidos não proteicos metilselenocisteína (MeSeCys) e γ-glutamil-metilselenocisteína (GGMeSeCys) (Sors et al., 2005). Assim, o excedente do micronutriente é acumulado nos tecidos sob a forma de compostos não tóxicos para as plantas. Pelo contrário, o selénio pode afetar o metabolismo dos aminoácidos sulfurados, substituindo a cisteína (Cys) e a metionina (Met) por SeCys e SeMet, respetivamente, por exemplo. Esse metabolismo caraterístico representa a principal diferença entre as plantas em relação ao metabolismo do selênio, e torna os vegetais dos gêneros *Brassica* e *Allium* resistentes a altos níveis de selênio no solo e, ao mesmo tempo, capazes de acumular determinados compostos selenados. Assim, considerando a importância dessas espécies em relação à alimentação humana, elas representam boas fontes de compostos organo selênio, principalmente de espécies metiladas como o MeSeCys.

Os tecidos animais contêm geralmente selénio na forma em que foi ingerido. Assim, a suplementação das dietas animais com espécies inorgânicas resultará num nível elevado de sais de selénio nos tecidos. Dado que o metabolismo animal sintetiza SeMet, normalmente o excesso de selénio será desviado para a formação deste seleno aminoácido através da substituição da metionina na cadeia proteica, que é acumulada predominantemente nos músculos esqueléticos.

Da mesma forma, a suplementação sob a forma de levedura enriquecida com selénio produzirá níveis elevados de SeMet nos músculos. Vísceras como o fígado e os rins apresentam normalmente os níveis mais elevados de selénio entre os tecidos animais. A especiação do selénio nos tecidos dos peixes também depende do tipo de suplemento na dieta, sendo que as espécies de selénio mais comuns encontradas na carne de peixe são o selenito, o selenato e o SeMet.

2.2 - Espécies de selénio ou compostos de selénio presentes em muitos alimentos

As plantas contêm geralmente muitas espécies de selénio, e a proporção de cada uma varia de acordo com a espécie vegetal e as condições de cultivo. Assim, vários tipos de cereais são capazes de acumular SeMet. Por exemplo, representou entre 76%-85% das espécies de selénio no trigo fortificado e na farinha de trigo fortificada (Kirby et al., 2008). No que diz respeito aos vegetais, o SeMet foi medido em cerca de 54% do selénio extraível das cenouras (*Daucus carota*) quando fertilizadas com selenato ou perto de 71% quando fertilizadas com selenito (Kapolna et al., 2009); aproximadamente 50% do selénio extraível da batata (*Solanum tuberosus*) (Cuderman et al., 2008); cerca de 53% no alho (Pickering et al., 2000); e perto de 86,9% do selénio total no extrato de arroz enriquecido com selénio (Fang et al., 2009). Kannamkumarath e colaboradores (2002) avaliaram o conteúdo e a especiação de selénio em castanhas brasileiras. Relataram que cerca de 12% do micronutriente estava ligado à fração proteica das nozes, e que a principal fonte de selénio nas nozes era o SeMet (19%-25%). Nos grãos de feijão, cujas plantas foram cultivadas no solo e pulverizadas foliarmente duas vezes com um xarope contendo selenato de sódio (10 mg/l) na altura da floração, foi determinado que o MetSeCys e o SeMet representavam cerca de 79% e 53% do selénio solúvel (Smrkolj et al., 2007).

O SeCys foi medido em 3%-21% do selénio extraível em levedura enriquecida com o micronutriente (Whanger, 2002; Rayman et al., 2008); 4%-12% em trigo (Whanger, 2002; Wolf e Goldschmidt, 2007); 20%-31% e 50% do selénio extraível de carnes de frango e cordeiro, respetivamente (Bierla et al., 2008).

Em relação ao selenato, representou cerca de 4% do selénio contido na levedura enriquecida com o micronutriente (Whanger, 2002; Rayman et al., 2008); aproximadamente 20% nos brócolos (Kirby et al., 2008); 10%-100% na cebola, 4% no alho (Kotrebai et al,

2000); 32% do selénio extraível de cenouras fertilizadas com selenato (Kapolna et al., 2009); 50% do selénio extraível de batatas (Cuderman et al., 2008); e 7,6%-44,8% em crustáceos (Cappon e Smith, 1982).

O selenato/selenito foi responsável por cerca de 12%-19% do selénio medido no trigo (Whanger, 2002; Wolf e Goldschmidt, 2007); o selenito foi medido em 17% do selénio extraível de cenouras fertilizadas com esta espécie de selénio (Kapolna et al., 2009); e 12% do selénio total no bacalhau (Crews et al., 1996; Dnz Huerta, 2004).

As principais espécies metiladas de selénio nos alimentos são MetSeCys e GGMeSeCys. De acordo com as medições, o MetSeCys no trigo representa 1%-4% do selénio total (Whanger, 2002); 45% nos brócolos enriquecidos com selénio (Finley et al., 2001); e 12% no alho (Kotrebai et al.,

2000). Entretanto, o GGMeSeCys foi responsável por 1%-20% do selénio total medido em leveduras enriquecidas com o micronutriente (Whanger, 2002; Rayman et al., 2008). Este composto metilado foi a principal espécie do micronutriente medido nas cebolas (63% do selénio total); e no alho (31% do selénio total) (Kotrebai et al., 2000), principalmente no enriquecido com selénio (73% do selénio total) (Ip et al., 2000a). Finalmente, GGMeSeCys representou cerca de 14% e 12% do selénio extraível de cenouras fertilizadas com selenato e selenito, respetivamente (Kapolna et al., 2009).

Geralmente, o GGMeSeCys não é encontrado em tecidos comestíveis de animais, embora tenha sido encontrado numa espécie de trevo (*Melilotus indiaca* L). Inclusive, para animais de pasto, pode ser tóxico se consumido em níveis elevados (Guo e Wu, 1998).

Normalmente, o SeMet é mais comum na carne e derivados, devido à sua incorporação aleatória no lugar da metionina, principalmente em animais suplementados com levedura enriquecida com selénio (Juniper et al., 2009), que contém entre 60%-84% do seu selénio total como SeMet (Bierla et al., 2008). Especificamente, em cordeiros, cerca de 56%-60% do selénio extraível da carne estava na forma de SeMet e estava entre 56%-66% na carne de frango (Bierla et al., 2008); aproximadamente 70% no bacalhau (Crews et al., 1996; Dnz Huerta, 2004); e perto de 56% do selénio extraível do tubarão (Reyes et al., 2009). Kristan e colaboradores (2013) relataram que o SeMet representava cerca de 80% do selénio solúvel nos músculos das espécies de peixe analisadas, enquanto no fígado representava apenas 1,35% a 3,26% do selénio solúvel medido. Além disso, o SeMet foi responsável por 60% a 84% das espécies de micronutrientes em leveduras enriquecidas com selénio (Whanger, 2002; Rayman et al., 2008). Finalmente, alguns compostos de selénio presentes nos alimentos não são totalmente utilizados pelos animais e pelos seres humanos, e as diferenças estão relacionadas com a especiação do selénio. Da mesma forma, o valor biológico do selénio nos alimentos também depende do perfil dos compostos de selénio.

CAPÍTULO 3
VALOR BIOLÓGICO DO SELÉNIO

3.1 - Introdução

Antes de ser útil para o corpo humano, o selénio precisa de ser absorvido pela mucosa intestinal, transferido para a corrente sanguínea e distribuído por todos os tecidos, onde poderá desempenhar alguma função biológica, ou seja, ser convertido em espécies bioactivas de selénio. Assim, o verdadeiro valor biológico do selénio contido em cada alimento é apenas a porção que se torna bioactiva no organismo.

De acordo com este conceito, significa que ter em conta apenas o nível de selénio nos alimentos é um parâmetro preliminar na avaliação do seu verdadeiro valor nutricional. Por vezes, os alimentos que apresentam níveis elevados de selénio podem não ser tão valiosos como outros com menor concentração, se estes últimos possuírem uma maior proporção de selénio passivo para ser absorvido, distribuído e convertido em metabolitos activos pelo corpo humano.

Além disso, a proporção relativa de vários compostos selénicos presentes nos alimentos também afecta o perfil das funções biológicas exibidas no organismo humano. Para além disso, a forma como um alimento é conservado ou preparado pode também alterar o seu valor biológico. Assim, existem muitos factores que devem ser considerados para estimar a importância/valor de cada alimento na dieta humana. No próximo texto serão abordados alguns tópicos e exemplos sobre este tema.

3.2 - Valor biológico real do selénio nos alimentos

Tanto o selénio orgânico como o inorgânico são bem absorvidos pela mucosa intestinal (70%-95%). Como o selénio e o enxofre partilham muitas propriedades químicas, alguns compostos de selénio podem ser absorvidos pelo mesmo mecanismo que os seus análogos de enxofre. Isto ocorre com o selenato, que partilha o mesmo mecanismo de absorção com o sulfato. Da mesma forma, o SeMet atravessa a barreira intestinal utilizando o mesmo co-transporte dependente de Na^{+} que o Met (Vendeland et al., 1994). Devido a esta partilha de mecanismo de absorção, pode ocorrer competição entre os compostos de enxofre e os seus análogos de selénio se ambos estiverem presentes nos alimentos concomitantemente. Pelo contrário, o selenito é absorvido por um mecanismo de transporte passivo que não é afetado pelo sulfito, tal como o SeCys parece não competir com o Cys (Stahl et al., 2002).

A fração biodisponível de um nutriente é a porção do micronutriente que é absorvida e que atinge a corrente circulatória, sendo desta forma distribuída aos órgãos e tecidos, onde eventualmente exercerá algum efeito biológico (Shumann et al., 1997). A biodisponibilidade pode ser estimada através da medição do nível de selénio no sangue e nos tecidos corporais (Thiry et al., 2010).

A fração bioactiva do selénio é a porção do micronutriente que é convertida em metabolitos biologicamente activos. Na maioria das vezes, a bioatividade é estimada através da medição da atividade das selenoenzimas no sangue e nos tecidos (Thiry et al., 2010).

Foi sugerido que o indicador mais sensível do estado do selénio no organismo é a selenoproteína P (Fairweather-Tait et al., 2010). Postula-se que a selenoproteína P transporta o selénio depois de este ter sido transportado pela albumina. Assim, foi sugerido que o selénio, após ter sido absorvido, se liga inicialmente à albumina, que o transporta para o fígado. Neste órgão, o micronutriente é libertado e utilizado na síntese de compostos de selénio, como a selenoproteína P (Suzuki et al., 2008). Esta proteína aumenta no plasma após a suplementação com selénio, atingindo um patamar após 2-4 semanas, e parece ser um biomarcador fiável do nível de selénio no plasma até uma concentração de cerca de 125 µg'"l. No entanto, foi levantada a hipótese de outras selenoenzimas serem biomarcadores de selénio, por exemplo, a selenoproteína W, GSH-Px 1, 3 e 4 (Fairweather-Tait et al., 2010).

Em relação à biodisponibilidade de diferentes formas químicas do micronutriente, quando os ratos foram tratados durante 9 semanas com um alimento contendo 0,2 µg de Se/g de alimento, sob a forma de selenito (controlo positivo) ou SeMet, observou-se que o seleno aminoácido foi mais eficaz no aumento das concentrações de selénio no sangue total (1,2 pontos de equivalência) do que o selenito (equivalente a 1) (Whanger et al., 1988). Este resultado demonstrou que o SeMet era mais biodisponível do que o selénio inorgânico. Do mesmo modo, em humanos que ingeriram 100 µg de Se/dia, quer como selenito quer como SeMet, a concentração de selénio nos eritrócitos foi mais elevada quando o microelemento foi fornecido sob a forma de seleno aminoácido (1,7 pontos de equivalência) do que quando o selénio foi fornecido como selenito (equivalente a 1), respetivamente (Thompson et al., 1982).

No entanto, o SeMet parece não ser tão bioativo como os sais inorgânicos. Em consonância com isso, Zeng e colaboradores (2008), trabalhando com cultura de células da linhagem Caco-2, demonstraram que, quando elas foram cultivadas em meio contendo 15,6; 31,2; e 62,5 nmol de Se, seja como selenito ou SeMet, a atividade da GSH-Px dessas células foi de 0,2; 0,2 e 0,5 pontos de equivalência para o SeMet em relação ao selenito (equivalente 1), respetivamente.

No que diz respeito aos alimentos, os produtos da pesca marinha, embora naturalmente enriquecidos em selénio, apresentam normalmente uma baixa bioacessibilidade e biodisponibilidade. No atum, por exemplo, apenas metade do seu teor de selénio pode ser absorvido (Cabanero et al., 2004). Devido à sua baixa bioacessibilidade, a biodisponibilidade também foi baixa, causando uma pequena melhoria na atividade da GSH-Px no sangue e nos tecidos. Além disso, Ornsrud e Lorentz (2002) compararam a biodisponibilidade de selénio encontrada em salmões que foram alimentados com ração enriquecida com SeMet. Observaram que estes salmões acumulavam compostos de selénio que apresentavam uma biodisponibilidade entre 1,04-2,25 pontos de equivalência em relação ao selenito (equivalente 1). Em relação à atividade GSH-Px, Ornsrud e Lorentz (2002) observaram que este tipo de salmão continha selénio mais bioativo (1,39 pontos de equivalência) em relação ao selenito (equivalente 1).

Em relação aos alimentos de origem vegetal, as castanhas do Brasil merecem especial atenção. Elas contêm concentrações muito altas de selênio e possuem, na maioria das vezes, biodisponibilidade e bioatividade superiores ao selenito (Chansler et al., 1986; Thomson et al., 2008). Num estudo de comparação da bioatividade do selénio nas castanhas do Brasil com a dos cogumelos, Chansler e colaboradores (1986) referiram que o micronutriente nas castanhas era tão bioativo como o composto padrão (selenito), mas o selénio nos cogumelos não o era. Assim, parece que os cogumelos, embora possam concentrar bons níveis do micronutriente nos seus tecidos, apresentam baixa bioacessibilidade, biodisponibilidade e bioatividade, fazendo deste tipo de alimento uma fonte de selénio menos interessante para a dieta humana (Chansler et al., 1986). Pelo contrário, o selénio contido nas castanhas do Brasil parece ser utilizado de forma mais eficiente pelo organismo humano do que o SeMet. Realmente, Thomson e colaboradores (2008), trabalhando com voluntários humanos no Brasil, observaram que o consumo de metade da quantidade de selénio através das castanhas em relação ao SeMet causou uma elevação semelhante nas concentrações plasmáticas de selénio e na atividade da GSH-Px.

Os legumes como a couve enriquecida com selénio, por exemplo, apresentam uma biodisponibilidade moderada (entre 0,67-0,9 pontos de equivalência) e uma bioatividade (0,62-0,69 pontos de equivalência) em relação ao selenito (equivalente 1) (Finley, 1998). Do mesmo modo, a biodisponibilidade do micronutriente na soja e no glúten de milho é muito baixa, ou seja, cerca de 0,18 e 0,26 pontos de equivalência, respetivamente, em relação ao selenito (equivalente 1) (Gabrielsen e Opstvedt, 1980).

Em relação à bioatividade, deve ser destacada a importância do trigo, por ser um cereal muito consumido no Brasil e no mundo. Estudos sobre biodisponibilidade e bioatividade revelaram que o selênio contido no trigo é, aproximadamente, tão biodisponível quanto o selenito (0,79-2 pontos de equivalência) (Douglass et al., 1981). Em relação à atividade GSH-Px, há relatos de bioatividade entre 0,7-1,33 pontos de equivalência em comparação com o selenito (Alexandre et al., 1983). A biodisponibilidade e a bioatividade do selénio no trigo reflectem as caraterísticas do seu principal composto seleno, o seleno aminoácido SeMet. Entretanto, o selénio na levedura é apenas parcialmente absorvido (0,58 pontos de equivalência), embora seja muito bem retido no organismo se comparado com o composto padrão (selenito) (Fox et al., 2004).

No entanto, foi relatado que o SeMet exógeno adicionado a grãos inteiros de trigo, que foram então aquecidos a cerca de 200°C, sofreu oxidação em selenóxido de metionina, um composto que é pouco absorvido pelo intestino humano. Entretanto, o SeMet no trigo naturalmente fortificado com selénio não foi amplamente oxidado pelo tratamento térmico (Kirby et al., 2006). Por isso, parece que a adição de SeMet exógeno ou de levedura enriquecida com selénio à farinha de trigo antes de fazer pão não é uma boa alternativa, porque sob altas temperaturas, como é necessário para cozer o pão, pode tornar indisponível uma grande fração de SeMet.

As carnes, de um modo geral, apresentam bioacessibilidade, biodisponibilidade e bioatividade muito semelhantes aos parâmetros do selenito com, talvez, um pouco menos de bioequivalência em relação às carnes de suíno (Thiry et al., 2010). Além disso, van der Torre e colaboradores (1991) concluíram que o selénio acumulado por carnes enriquecidas com o micronutriente apresentava maior biodisponibilidade do que o selénio contido no pão enriquecido com o microelemento.

Uma vez que o SeMet contido na levedura enriquecida com selénio é incorporado aleatoriamente nas proteínas, tal como nos músculos esqueléticos, normalmente mostra um atraso para atingir um patamar de concentração de selénio no sangue. No entanto, é capaz de manter por mais tempo um nível elevado de selénio após o fim do período de suplementação do que o selenito/selenato (Levander et al., 1983; Clausen e Nielsen, 1988; McGuire et al., 1993). Neste caso, a proteína muscular desempenha o papel de tecido armazenador de selénio, que é libertado para a corrente sanguínea à medida que se processa a renovação proteica. De acordo com os relatórios, foram registadas meias-vidas de corpo inteiro para SeMet e

selenito em seres humanos de 252 e 104 dias, respetivamente (Patterson et al., 1989; Swanson et al., 1991).

Assim, tendo em conta os vários aspectos aqui descritos, é possível afirmar que os alimentos que contêm teores mais elevados de selénio nem sempre produzirão respostas mais intensas por parte do organismo humano. Neste caso, a maior concentração do micronutriente deve compensar sua menor bioacessibilidade, biodisponibilidade e bioatividade para que ele tenha o mesmo valor nutricional. Com exceção da castanha do Brasil, muitos alimentos naturais enriquecidos com selénio não são bem absorvidos ou não promovem boas respostas biológicas no organismo humano. Além disso, de acordo com a especiação do selénio nos alimentos e o seu metabolismo específico, este irá deflagrar diferentes actividades no corpo humano.

CAPÍTULO 4

METABOLISMO DO SELÉNIO

4.1 - Introdução

De um modo geral, observou-se que tanto a bioatividade como a toxicidade do selénio dependem da especiação. De acordo com o perfil das espécies de selénio nos alimentos, o metabolismo do micronutriente no organismo humano varia e podem ser produzidos compostos caraterísticos. Além disso, o nível de selénio nos alimentos, principalmente de espécies inorgânicas, afectará o metabolismo. A relação entre a assimilação e a excreção depende também da especiação do selénio, bem como das espécies que são excretadas e a via de excreção pode mudar significativamente de acordo com o nível de ingestão.

Níveis baixos induzem um metabolismo económico, com o selénio a ser utilizado para a síntese de seleneto de hidrogénio, que será convertido em SeCys e utilizado na síntese de selenoenzimas. Níveis moderados resultarão na síntese de compostos metilados e espécies a serem excretadas na urina. Níveis mais elevados obrigam o organismo humano a sintetizar compostos de votalite, excretados pelos pulmões na respiração. Ao mesmo tempo, a sobrecarga de selénio resulta na formação de espécies reactivas de oxigénio (ROS) no fígado. O stress oxidativo pode causar danos no fígado e, num prazo mais longo, cirrose hepática e cancro.

Assim, o metabolismo do selénio no corpo humano é um passo fundamental para o tornar um composto nutricional e nutracêutico útil. Do mesmo modo, a especiação do selénio nos alimentos e o nível de ingestão afectarão o rácio entre os metabolitos sintetizados e, obviamente, o equilíbrio entre os efeitos saudáveis e tóxicos.

4.2 - Metabolismo do selénio no corpo humano

O metabolismo do selénio depende, em primeiro lugar, da sua forma química. Por exemplo, espécies orgânicas de selénio chegam ao fígado na forma como foram absorvidas (forma original) e sofrem metabolismo neste órgão. Entretanto, em tecidos com alta síntese protéica, especialmente nos músculos esqueléticos, a incorporação do SeMet nas proteínas teciduais parece representar uma forma de estocar selênio no organismo. Neste caso, o SeMet é incorporado aleatoriamente, substituindo a Met na síntese proteica (Navarro-Alarcon e Cabrera-Vique, 2008), porque o ARNt da metionina não é capaz de discriminar entre a Met e o SeMet (Schrauzer, 2000). Pelo contrário, outras espécies de selénio não podem ser armazenadas e entram diretamente na via de degradação que gera seleneto de hidrogénio (H2Se). Este é o metabolito chave no metabolismo do selénio e a partir dele são sintetizadas todas as selenoproteínas. Da mesma forma, o excesso de selénio resultará em metabolitos que serão excretados na urina, fezes e hálito.

In vivo, se o SeMet não for imediatamente utilizado para a síntese de proteínas tecidulares, pode seguir por duas vias diferentes: a sua conversão em SeCys, via Secysth, uma via chamada transselenação; ou a sua conversão por uma β-liase em metilselenol (CH_3 SeH). Esta última via é muito importante numa situação de ligeiro excesso de selénio (Combs, 2001). *In vitro*, o CH3SeH pode ser produzido cataliticamente a partir de L-SeMet ou DL- selenoetionina pela enzima L-metionina-alfa-deamino-gama-mercaptometano liase (EC 4.4.1.11, também conhecida como metioninase, METase) (Wang et al., 2002; Spallholz et al., 2004).

No entanto, para que o SeMet da dieta seja convertido em selenoenzimas, ele precisa primeiro ser transformado em SeCys, por transselenação. Em seguida, o SeCys será convertido em H2Se. Em alternativa, numa via mais longa, a SeMet gera primeiro CH3SeH, que será depois desmetilado em H2Se (Suzuki et al., 2006; Zeng e Combs, 2008). O seleneto é, posteriormente, convertido em selenofosfato, ligado a grupos cisteílicos no tRNA, e inserido como resíduo do aminoácido SeCys na cadeia proteica que está a ser sintetizada, integrando o sítio ativo das selenoenzimas (Figura 2).

O SeCys da dieta (ou da transselenação ocorrida com SeMet) será convertido por outra β-liase em H_2 Se. Posteriormente, o H_2 Se pode ser transformado em CH_3 SeH por uma metil transferase (Combs, 2001). Relativamente à formação de selenoenzimas, pensa-se que não há incorporação de SeCys diretamente da dieta sem que este seja primeiro convertido em H2Se, que será utilizado na síntese de *novo* de SeCys (Suzuki et al., 2006).

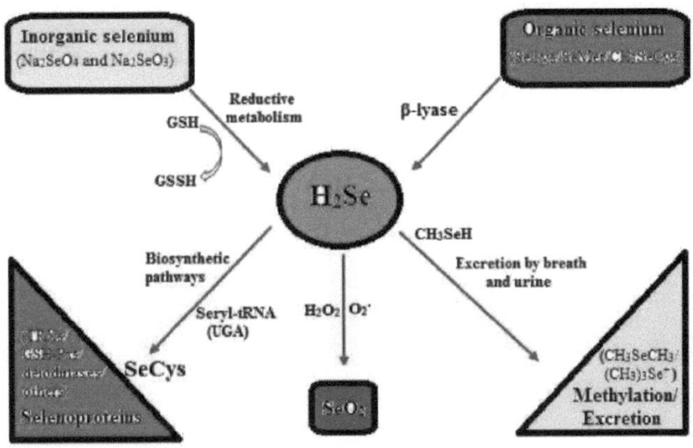

Figura 2 - Metabolismo do selénio no corpo humano. O selénio presente nos alimentos encontra-se, geralmente, sob a forma de espécies orgânicas (SeMet; SeCys; CH_3 SeCys) e, por vezes, sob a forma de sais inorgânicos (principalmente Na_2 SeO_3 e Na_2 SeO_4). A SeMet pode ser convertida em SeCys por transselenação, que pode ser metabolizada em seleneto de hidrogénio (H_2 Se) por uma β-liase. O H_2 Se é o composto central no metabolismo do selénio. É utilizado na síntese *de novo* do aminoácido SeCys, que é incorporado em todas as selenoenzimas do corpo humano. Pensa-se que nenhum SeCys

dos alimentos é incorporado diretamente na síntese de selenoenzimas sem ser metabolizado previamente para H_2 Se. A síntese de *novo de* SeCys requer o segmento específico de selenofosfato Seryl-tRNA e utiliza o códon UGA. Por outro lado, em caso de sobrecarga ligeira de selénio, será convertido em compostos metilados e excretado pela urina $[(CH\ )_{33}\ Se^{-}\ ]$; ou em caso de excesso moderado de selénio também pela respiração como CH_3 SeCH_3 . O composto CH_3 SeCys contido em alguns alimentos, como nos vegetais dos géneros *Brassica* e *Allium*, pode ser metabolizado por outra β-liase para CH3SeH, um composto reconhecido na prevenção do cancro. No entanto, a sobrecarga de selénio leva os hepatócitos a oxidar uma fração do micronutriente a dióxido de selénio (SeO2). Durante este metabolismo, são geradas espécies reactivas de oxigénio, como H O_{22} e O_2 ', que causam stress oxidativo no fígado. CH_3 SeCys ou MetSeCys, metilselenocisteína; CH_3 SeCH_3 ou DMSe, dimetil-seleneto; $(CH\ )_{33}\ Se^{+}$, ião trimetil-selenónio; CH_3 SeH, metilselenol; GSH, glutatião reduzido; GSSG, glutatião oxidado. Retirado de Combs (2001); e Nogueira e Rocha (2011).

As diferenças entre a biodisponibilidade e a bioatividade das espécies inorgânicas e orgânicas de selénio tornaram-se evidentes no trabalho realizado por Thomson e Robinson (Thomson e Robinson, 1993). Estes autores suplementaram trinta e três mulheres neozelandesas com duas formas de selénio (selenato e SeMet) na dose de 200 µg/dia ou placebo (< 1 µg por comprimido) durante 32 semanas. Os voluntários apresentaram níveis de selénio no plasma entre 53-56 µg/l no início do tratamento. Os investigadores mediram os seguintes parâmetros: concentrações de selénio e atividade GSH-Px do sangue total, eritrócitos e plasma. Thomson e Robinson (1993) observaram que os níveis de selénio no sangue total atingiram um patamar de cerca de 100 µg/l na semana 12 no grupo selenato, mas continuaram a aumentar no grupo SeMet para 280 µg/l na semana 32, com diferença significativa entre os três grupos (p <0,001) sendo aparente a partir da semana 2. No final do período de suplementação, a concentração de selênio no sangue total no grupo SeMet era quase 3 vezes maior do que no grupo selenato. O selénio nos eritrócitos aumentou de 24 ng/g Hb na 2ª semana para 110 ng/g Hb na 28ª semana no grupo SeMet, mas no grupo do selenato estabilizou em cerca de 7 semanas em 30 ng/g Hb. Foram observadas diferenças significativas entre os dois grupos (p < 0,005) a partir da semana 2 e para o grupo SeMet e placebo a partir da semana 4, mas o grupo selenato não foi significativamente diferente do placebo. O nível de selénio eritrocitário foi mais de 3 vezes superior no grupo SeMet do que no grupo selenato na semana 32. A concentração plasmática de selénio no grupo do selenato atingiu um patamar de 110 µgA por volta da semana 7, enquanto que no grupo SeMet continuou a aumentar até atingir um patamar de 190 µgA na semana 16. Foi observada uma diferença significativa entre os três grupos a partir da semana 2 (p <0,0001) e, no final do período de suplementação, o selénio plasmático era quase duas vezes maior no grupo SeMet do que no grupo selenato. Relativamente às três GSH-Pxs avaliadas no estudo, a atividade da enzima medida no sangue total atingiu um patamar de 35 U/g Hb às 12 semanas em ambos os grupos suplementados, sem diferença significativa entre eles. Foi detectada uma diferença notável em relação ao placebo a partir das 12 semanas. A atividade GSH-Px dos eritrócitos atingiu um patamar de 32 U/g Hb por volta das 12 semanas em ambos os grupos, selenato e SeMet. No entanto, para a GSH-Px plaquetária, observou-se que o selenato foi mais eficaz no aumento da sua atividade. Assim, a GSH-Px plaquetária aumentou rapidamente de cerca de 295 U/g de proteína para um patamar às 2-4 semanas de 650 U/g de proteína no grupo selenato e apenas 470 U/g de proteína no grupo SeMet. As actividades médias de GSH-Px diferiram entre os três grupos ($p < 0{,}001$) a partir da semana 2, exceto na semana 16, quando a média do grupo SeMet não foi diferente da do grupo placebo. O coeficiente de correlação para a relação entre as concentrações de selénio e as actividades da GSH-Px e entre a GSH-Px plaquetária e as actividades da GSH-Px no sangue total e no plasma foi significativo para ambos os grupos suplementados, mas com uma correlação mais forte para o grupo do selenato. Os autores referiram que a atividade da GSH-Px plaquetária atingiu um patamar de 200% do valor pré-suplementação às 2 semanas no grupo do selenato, enquanto no grupo do SeMet o patamar ocorreu apenas a 160% do valor basal e mais tarde às 4 semanas. Além disso, a análise de regressão mostrou que a atividade GSH-Px do sangue total, eritrócitos e plaquetas atingiu um patamar para cada grupo suplementado no mesmo valor, sendo de 100 µg/l de sangue total para selenato e 260 µg/l de sangue total para SeMet, ou 95 e 200 µg/l de plasma, respetivamente

(Thomson e Robinson, 1993). Assim, é possível afirmar que o selenato aumentou mais rapidamente os níveis de selénio e a atividade da GSH-Px do que o SeMet, o que exigiu concentrações mais elevadas para melhorar os mesmos parâmetros.

As espécies de selénio metilado presentes nos alimentos, tais como MeSeCys e GGMeSeCys, à semelhança do SeMet, seguem um caminho diferente das outras espécies de selénio. Após a absorção, entram diretamente no pool de selénio metilado e podem ser imediatamente convertidos em CH_3 SeH por outra β-liase. Seguindo a via de metilação, resultará em metabolitos exclusivamente para excreção do excesso de selénio. Apenas o primeiro composto metilado nesta via, ou seja, o metilselenol, pode ser desmetilado a H2Se e utilizado na síntese de selenoproteínas, porque esta reação é reversível nas células humanas, enquanto as seguintes são estritamente irreversíveis. Uma situação especial é o composto orgânico GGMeSeCys, que é primeiro convertido em MetSeCys e depois transformado por uma β-liase em metilselenol (Fairweather-Tait et al., 2010).

Por outro lado, os compostos inorgânicos de selénio parecem ter um metabolismo mais simples. Por exemplo, o selenito é diretamente convertido (não enzimaticamente) pela GSH em H2Se. Esta reação ocorre nos eritrócitos após o selenito atravessar a barreira intestinal. O novo H2Se sintetizado é então transportado para outros órgãos onde ocorre a síntese de selenoproteínas, normalmente no fígado. O selenato chega ao fígado na forma original, sendo reduzido (enzimaticamente) a selenito e, posteriormente, a seleneto, às custas de duas moléculas de glutationa reduzida (GSH) (Figura 2). O selénio na forma de selenato e selenito parece ser muito bem absorvido mas menos retido no organismo do que as formas orgânicas de selénio, como SeMet e SeCys (Schrauzer, 2000; Burk et al., 2006).

De acordo com o descrito anteriormente, o H2Se é o metabolito central tanto para a síntese de selenoenzimas como para as reacções que levam à excreção da sobrecarga de selénio. A taxa de excreção de selénio é regulada pela ingestão, sendo que a proporção entre metilação e desmetilação fará o equilíbrio entre as concentrações de H2Se e metilselenol. O nível relativo destes dois metabolitos representa o ponto central entre dois destinos, a incorporação do selénio nas proteínas ou a sua excreção (Suzuki et al., 2009). Assim, quando a ingestão de selénio é baixa, a sua excreção também será reduzida, e o micronutriente será desviado predominantemente para vias sintéticas. Neste caso, o organismo humano dá prioridade a alguns órgãos, como o cérebro, os órgãos reprodutores e as glândulas endócrinas, enquanto a GSH-Px celular do restante corpo diminui rapidamente (Ducros e Favier, 2004; Steinbrenner e Sies, 2009). Pelo contrário, numa situação de ligeiro excesso de microelementos, a taxa de excreção aumenta. A urina é a principal via de excreção do selénio no corpo humano e o microelemento é geralmente eliminado sob a forma de selenosugares (seleno-metil-N-acetilgalactosamina ou selenosugar B). Em condições de elevada ingestão de selénio, as formas metiladas do micronutriente também podem ser excretadas na urina (como ião trimetil-selenónio ou, por vezes, como metilselenol) ou na respiração (como seleneto de dimetilo - DMSe), conferindo um odor caraterístico a alho ao ar expirado (Spallholz et al., 2004) (Figura 2). No entanto, apesar do aumento da excreção de selénio em condições de ingestão elevada, uma fração pode ser acumulada nos tecidos corporais e, com a persistência desta situação durante um período de tempo mais longo, pode ocorrer toxicidade (van der Torre et al., 1991). A este respeito, as espécies de selénio inorgânico são susceptíveis de, em concentrações relativamente elevadas, causar stress oxidativo no fígado através da oxidação de grupos sulfidrilo (Tsen e Tappel, 1958; Ganther, 1966; 1968). Assim, à semelhança das actividades biológicas, a toxicidade do selénio depende também das espécies químicas.

Em conclusão, as fontes de selénio para a síntese de selenoproteínas são apenas compostos que podem ser transformados em H2Se. Assim, as espécies de selénio que geram prontamente seleneto de hidrogénio causarão um aumento mais rápido na atividade das selenoenzimas do que as espécies que necessitam de um metabolismo mais longo para o produzir. Além disso, os compostos de selénio presentes nos alimentos que passam por outras vias metabólicas apresentam maior dificuldade em induzir a expressão de selenoenzimas.

Por outro lado, o consumo de alimentos que contêm formas metiladas do micronutriente, como o MeSeCys nos brócolos, ou a ingestão de um ligeiro excesso de selénio, são saudáveis para o organismo humano porque resultam numa maior produção de metilselenol, um metabolito anticancerígeno. Da mesma forma, o SeMet é rapidamente convertido, numa reação de um só passo, em metilselenol. Pelo contrário, o SeCys parece ser um precursor não importante para a síntese do metilselenol. Entretanto, é preferencialmente utilizado na formação de selenoenzimas, após a sua conversão em H2Se.

Por último, a relativa dificuldade do corpo humano em converter SeMet em selenoenzimas introduz algumas dúvidas em relação à sua bioatividade. Assim, a ciência talvez esteja um pouco enganada ao atribuir grande importância aos alimentos ricos neste seleno-aminoácido. Embora muitos estudos tenham demonstrado que os alimentos enriquecidos com SeMet apresentam uma elevada biodisponibilidade, esta é apenas uma parte do caminho. A fração de SeMet acumulada nos músculos esqueléticos desempenha apenas um papel de reserva de selénio lábil no organismo, uma vez que a sua mobilização e metabolismo dependem da renovação das proteínas musculares. Por outro lado, poderia manter por mais tempo concentrações mais elevadas de selénio no sangue após o fim do período de suplementação do que o efeito residual do fornecimento de selénio sob a forma de sais inorgânicos. No entanto, mais importante do que a biodisponibilidade é a bioatividade, porque o organismo humano depende não só das concentrações, mas principalmente dos níveis plasmáticos que são facilmente traduzidos em atividade biológica. Do mesmo modo, os produtos comerciais de SeMet-richer podem não ser tão valiosos em termos do seu potencial funcional como se pensava.

Quando se suplementa a dieta de pessoas ou animais com levedura de selénio, pode esperar-se um período de tempo mais longo para observar efeitos em termos de síntese de selenoenzimas, medida como atividade GSH-Px. Obviamente, isso dependerá do metabolismo do SeMet para H2Se, e logo após para ser usado na síntese de SeCys e, por sua vez, para constituir o sítio ativo das selenoenzimas. Por outro lado, o SeMet poderia manter níveis elevados de selénio no sangue por mais tempo após o fim do período de suplementação do que o selenito.

Assim, por vezes, os sais inorgânicos como o selenito de sódio e o selenato de sódio podem ser mais rápidos a promover a elevação da atividade das selenoenzimas após a sua suplementação, quer em animais quer em humanos. Por sua vez, os compostos inorgânicos de selénio parecem ser facilmente convertidos em H2Se e, por isso, mais dinâmicos na promoção de diversas actividades biológicas no organismo humano. No entanto, a sua maior reatividade e rápida incorporação tornam-nos mais perigosos do que as formas orgânicas do micronutriente. Em relação ao SeMet, embora o tecido muscular possa atuar como um tampão na acumulação de uma ingestão excessiva de selénio pela dieta sob a forma de levedura enriquecida com selénio, a persistência desta situação a longo prazo pode igualmente resultar em toxicidade.

CAPÍTULO 5

O SELÉNIO COMO NUTRACÊUTICO NA DIETA HUMANA

5.1 - Introdução

A dose diária recomendada (RDA) de selénio (µg/dia), que teria de ser fornecida através da dieta, varia de acordo com os países. Por exemplo, na Austrália foi fixado em 85 µg para homens e 70 µg para mulheres; nos EUA foi definido como 55 µg para ambos, homens e mulheres; no Reino Unido é de 75 µg para homens e 60 µg para mulheres; na Alemanha, Áustria e Suíça é indicado entre 30 e 70 µg para ambos, homens e mulheres. Entretanto, a Organização Mundial de Saúde (OMS) recomenda 40 µg para homens e 30 µg para mulheres, afirmando que seria necessário, no mínimo, permitir que se atingisse 2/3 da atividade máxima das glutationas peroxidases para garantir uma boa saúde à população humana, pois seriam observados prejuízos apenas a ¼ ou menos da atividade plena das mesmas (Thomson, 2004). Assim, a função nutricional do selénio alimentar parece ser a de permitir uma expressão suficiente das selenoenzimas. No entanto, desde 1935, a deficiência de selénio tem sido associada à ocorrência de duas doenças na China, nomeadamente a doença de Keshan e a doença de Kashin- beck. Ambas as doenças são endémicas na China, em locais onde foram medidos níveis de selénio no solo na ordem dos 0,022-0,125 mg/kg (Tan et al., 2002). Em relação à prevenção de doenças sensíveis ao selénio, como a doença de Keshan, seria necessária uma ingestão de, pelo menos, 16 µg de Se/dia para as mulheres e 21 µg de Se/dia para os homens (Thomson, 2004). No entanto, os níveis de selénio no sangue superiores ao seu requisito mínimo (RDA) associados ao papel nutricional no organismo humano parecem desempenhar funções adicionais e melhorar a saúde. Esta função foi incluída no conceito nutracêutico relacionado com os níveis supranutricionais de selénio. Assim, resumidamente, o selénio pode neutralizar a toxicidade dos metais pesados, como o envenenamento por arsénio/chumbo/mercúrio/cádmio, proteger contra doenças cardiovasculares e prevenir alguns tipos de cancro.

5.2 - Proteção contra a toxicidade de metais pesados

No passado, enquanto o selénio era reconhecido apenas como um composto tóxico e cancerígeno, alguns estudos demonstraram que o arsénio, principalmente sob a forma de arsenito, era capaz de reduzir a toxicidade do selénio. Levander e Baumann (1966a) demonstraram que uma injeção de arsenato de sódio (1-5 mg/kg), 10 minutos antes da ingestão de selenito de sódio (2 mg/kg), reduzia a concentração de selénio no fígado ao mesmo tempo que aumentava a sua excreção pelas fezes. Num outro estudo, Levander e Baumann (1966b) demonstraram que uma injeção de arsenito de sódio (1 mg/kg), antes da ingestão de selenito de sódio (0,5 mg/kg), aumentaria em 10 vezes a excreção de selénio pela bílis. Por outro lado, no mesmo trabalho foi também demonstrado que uma injeção de selenito de sódio (0,5 mg/kg), 10 minutos antes da ingestão de arsénio (1 mg/kg), provocaria um aumento de duas vezes na excreção biliar de arsénio. Assim, os investigadores concluíram que o arsénio e o selénio interagem por si próprios e que o aumento da excreção de selénio na bílis poderia dever-se à formação de um conjugado, que postularam ser o selenoarsenito. Em seguida, foram realizados muitos ensaios para avaliar o arsénio como antídoto contra o envenenamento por selénio em animais e humanos (Levander, 1977). Passados vários anos, a conceção dos elementos arsénio e selénio mudou radicalmente. Atualmente, o arsénio é considerado cancerígeno para a pele, o fígado, a bexiga, os rins e os pulmões, ao passo que o selénio é reconhecido como um microelemento vestigial essencial na alimentação dos animais e dos seres humanos.

Os alimentos contêm geralmente 0,020-0,040 µg de As/mg, geralmente na forma orgânica, que é menos tóxica. A toxicidade relativa do arsénio é, em escala decrescente: arsenito > arseniato > arsenicais orgânicos. O mecanismo exato subjacente à toxicidade do arsénio é desconhecido, mas supõe-se que dependeria i) da geração de ROS; ii) das interações e interferências com compostos de enxofre biologicamente importantes, como o GSH, resultando na geração de radicais livres; e iii) da indução de stress oxidativo. Assim, postula-se que a toxicidade do arsénio, particularmente do arsenito, resulta do seu potencial pró-oxidante, para além dos seus efeitos deletérios no metabolismo do fosfato. A desintoxicação do arsenito/arsenato *in vivo* parece depender de reacções de metilação e da sua excreção na urina. Foi também demonstrado que os conjugados de arsénio e GSH são excretados pela bílis como um complexo As/Se/GSH (Spallholz et al., 2004). Uma das primeiras evidências responsáveis pela mudança de conceção sobre a interação entre o selénio e o arsénio e, ao mesmo tempo, do potencial tóxico de ambos os elementos, veio de um estudo desenvolvido por Biswas e colaboradores (1999). Estes investigadores injectaram arsenito de sódio (2,5 mg/kg) em ratos uma hora antes, uma hora depois ou concomitantemente à administração de selenito de sódio (5,6 mg/kg). Os animais de controlo receberam o mesmo volume de água destilada. Ambos os compostos foram administrados por via oral (através de sonda esofágica). Após 24 horas, os animais foram submetidos a eutanásia e os ossos do fémur foram isolados, dissecados e excisados para recolha de material para análise histológica da medula óssea. Os autores observaram que, quando o arsenito foi administrado antes do selenito, o selénio protegeu contra os danos cromossómicos causados pelo arsénio. Quando os dois elementos foram administrados concomitantemente, o selénio reduziu os danos, mas não foi suficiente para atingir significância estatística. Mas, quando o selenito de sódio foi administrado uma hora antes do arsenito de sódio, o selénio reduziu significativamente o número de danos cromossómicos causados pelo arsénio. Os autores comentam que a suplementação dietética com selénio pode ser uma alternativa para reduzir os impactos negativos do arsénio na saúde da população humana.

Nas últimas décadas, tem crescido a preocupação com a contaminação da água potável por compostos de arsénio libertados das paredes dos tubos de água e reservatórios. O nível máximo tolerado de contaminação da água por arsénio foi fixado em 50 µg/l (WHO, 1981). No entanto, mais recentemente, foi reduzido para 10 µgΔ (US EPA, 2006). O arsénio é um contaminante das águas subterrâneas em regiões como Bangladesh, Bengala Ocidental, Nepal e em grande parte do delta do Ganges-Brahmaputra. Há evidências na literatura de que a suplementação com selénio pode atenuar muitos dos sintomas da arsenicose (Wang et al., 2001; 2002). Por conseguinte, em tais regiões, alguns investigadores sugeriram que a melhoria do estado de selénio da população poderia ser uma estratégia para atenuar ou prevenir a toxicidade do arsénio (Spallholz et al., 2004). Neste contexto, Gailer e colaboradores (2000) demonstraram que a interação entre o selénio e o arsénio resultaria na formação do ião seleno-bis-(S-glutatiãoil)-arsénio. Este complexo entre As, Se e GSH seria uma via para a excreção da sobrecarga de arsénio em vez de selénio, ao contrário do que tinha sido inicialmente postulado. A via de excreção deste composto envolve a eliminação biliar e fecal. Para além desta interação, alguns autores demonstraram a formação de outros conjugados nos tecidos, presumivelmente o hemisseleneto de arsénio (As2Se) (Berry et al., 1993; Kenyon et al., 1997). Este complexo é insolúvel e apresenta uma coloração escura, sendo um possível candidato para o escurecimento da pele observado em pacientes que sofrem de arsenicose (Spallholz et al., 2004).

Acredita-se que o envenenamento por arsénico afete cem milhões de pessoas em todo o mundo, principalmente habitantes do Bangladesh e de Bengala Ocidental (Índia), onde foi medido o arsénico em alguns poços tubulares em concentrações tão elevadas como 3 400 µg"l (Guha Mazumber et al., 1998). A este respeito, foi demonstrado por Srivastava e colaboradores (2010) que o selénio (como selenito de sódio, a 6,3 µmol/l, administrado por gavagem uma vez por dia), era capaz de bloquear o stress oxidativo, de contrariar a redução de

Nível de GSH e para aliviar o aumento da atividade ALT e AST no fígado, bem como para atenuar a inibição da δ-aminolevulinic acid dehydratase (ALA-D) no sangue em ratos experimentalmente intoxicados com arsénio de sódio (25 mg/l na água de bebida, durante três semanas).

Em conjunto, pensa-se que as formas acima mencionadas seriam, pelo menos, três maneiras através das quais o selénio poderia prevenir ou atenuar o envenenamento por arsénio. Além de atuar como uma terapia quelante, o selénio (como selenito de sódio) foi capaz de diminuir os danos cromossómicos e o stress oxidativo.

Há muito tempo que se reconhece a capacidade do selénio para atenuar a intoxicação por chumbo. Numa pesquisa realizada por Chakraborty e colaboradores (1987) foram avaliados os efeitos do selénio contra o envenenamento por chumbo. Neste caso, a exposição ao chumbo e o tratamento com selénio foram mantidos por um período de 15 dias. Em seguida, os animais foram eutanasiados e foram coletadas amostras de medula óssea para avaliação dos danos cromossômicos. Os investigadores demonstraram que o selénio (como Na2SeO3), nas doses de 0,031 e 0,024mg/100 g de peso corporal, reduziu significativamente os danos cromossómicos provocados pela intoxicação crónica de ratos com 2,5 mg/100 g de peso corporal de acetato de chumbo. No entanto, o selénio na dose mais baixa (0,012 mg/100 g de peso corporal) ou na dose mais alta (0,047 mg/100 g de peso corporal) não promoveu uma proteção notável.

Othman e El Missity (1998) testaram se o selénio pode proteger contra o stress oxidativo causado pela toxicidade do chumbo. Utilizaram ratos albinos machos que foram administrados por via intramuscular com uma dose única de acetato de chumbo (100 µmol/kg de peso corporal). Outro grupo de ratos foi injetado com selenito de sódio (10 µmoΓkg de peso corporal) antes da intoxicação por chumbo. Após 3 e 24 horas, o tratamento com chumbo resultou num aumento significativo das fosfatases ácida e alcalina, da transaminase glutamato-oxaloacetato, da transaminase glutamato-piruvato, das proteínas totais e do colesterol no soro. Os triglicéridos totais no soro diminuíram após 24 horas de intoxicação. O tratamento com chumbo também produziu uma elevação significativa da peroxidação lipídica no fígado e nos rins. A capacidade antioxidante das células hepáticas e renais, em termos das actividades da superóxido dismutase, da glutationa redutase e do teor de glutationa, estava diminuída. Os autores comentaram, tendo em conta os seus resultados, que o chumbo poderia exercer o seu efeito tóxico através de danos peroxidativos nas membranas das células renais e hepáticas após 24 horas. Observaram que a administração de selénio antes da injeção de chumbo produziu uma ação profiláctica pronunciada contra os efeitos do chumbo, e observou-se que o selénio aumentou a capacidade antioxidante endógena das células através do aumento das actividades da superóxido dismutase e da glutationa redutase e do conteúdo de glutationa. Como resultado, a peroxidação lipídica diminuiu tanto no fígado como nos rins.

Parizek e Ostadalova (1967) demonstraram que a injeção de selenito de sódio reduzia substancialmente a mortalidade de ratos intoxicados com concentrações elevadas de mercúrio. Esta descoberta despertou o interesse sobre o papel do selénio na toxicologia e desintoxicação do mercúrio.

Posteriormente, Koeman e colaboradores (1973), Kosta e colaboradores (1975) e Luten e colaboradores (1980) mediram uma proporção de 1:1 entre selénio e mercúrio em vários tecidos, como fígado de mamíferos marinhos e peixes herbívoros, bem como tiroide, hipófise, rins e cérebro de mineiros. Fang (1977) observou que, em ratos intoxicados com mercúrio, o tratamento com selenito de sódio modificava alguns parâmetros, como distribuição tecidual, formação de complexos com constituintes subcelulares e ligação do mercúrio a proteínas solúveis. No Canadá, Chen e colaboradores [186] mediram os níveis de selénio e mercúrio em águas recolhidas de 9 lagos situados a 4-204 km de uma fundição. Os lagos Ramsey (Ra) e Hannah (Ha) situavam-se a 4 km da mina. Os lagos Laurentian (Lu), Whitson (Wh), Vermilon (Ve), Geneva (Ge), Michiwakenda (Mi), Long (Lo) e Larder (La) estavam a 8, 10, 31, 47, 127, 162 e 204 km da fundição, respetivamente. Os investigadores também avaliaram os níveis de selénio e mercúrio nos músculos de duas espécies de peixes que viviam nestes lagos, ou seja, o peixe Perc amarelo (*Perca flavescens*) e o peixe Walleye (*Stizosedion vitreum*). A perca-amarela é uma espécie herbívora, enquanto o olho-de-vidro é uma espécie predadora (carnívora), vivendo no topo da cadeia alimentar aquática. Posteriormente, os investigadores correlacionaram os níveis de selénio nas águas com as concentrações do microelemento no músculo destas espécies de peixes. Além disso, correlacionaram as concentrações de mercúrio e selénio medidas nos músculos de cada espécie de peixe. Assim, os investigadores observaram que as concentrações de selénio nas águas dos lagos estavam positivamente correlacionadas com as concentrações do microelemento medidas no músculo dos peixes Perca-amarela e Walleye. A concentração de selénio nas águas foi menor nos locais distantes da fundição, revelando que a fonte de selénio dissolvido na água seria a atividade mineira. Pelo contrário, a concentração de mercúrio na água dos lagos aumentou à medida que o lago se encontrava mais longe da fundição. Comparando as concentrações de selénio e de mercúrio acumuladas nos músculos de ambas as espécies de peixes, Chen e colaboradores (2001) observaram uma correlação negativa entre os níveis de selénio e de mercúrio, que foi mais significativa para o peixe Walleye. Para além disso, observaram que este peixe, que é uma espécie predadora, acumulava mais mercúrio nos seus músculos do que o Yellow perc, que é uma espécie herbívora.

O mercúrio é um importante poluente na região amazônica devido ao seu uso indiscriminado na fundição de ouro, com seu descarte nos rios locais. Assim, o mercúrio é normalmente acumulado pelos ecossistemas aquáticos da região, principalmente pelos peixes carnívoros que estão no topo da cadeia trófica. A população humana local consome, pelo menos, um peixe na sua dieta diária, o que faz com que a sobrecarga de mercúrio no organismo seja um problema endémico.

Inseridos nesse contexto, Dorea e colaboradores (1998) estudaram a contaminação por mercúrio e sua relação com a concentração de selênio em peixes carnívoros, onívoros e herbívoros que vivem no rio Madeira, na região amazônica brasileira. Os autores observaram que os peixes carnívoros e onívoros acumularam mais mercúrio em seus tecidos do que os herbívoros. Em relação ao selênio, os peixes Tucunaré (*Cichla ocellaris*) e Surubim (*Pseudoplastitoma fasciatum*) apresentaram uma proporção entre mercúrio e selênio de 4,7 e 3,3, respetivamente. As espécies onívoras, ou seja, Cara-acu (*Astronotus spp.*), Jacunda (*Crenicicla spp.*) e Cuiu-cuiu (*Oxydoras niger*) apresentaram uma proporção entre mercúrio e selênio de 3,7, 1,8 e 0,3, respetivamente. As espécies herbívoras, representadas neste estudo pelas espécies Jatuarana (*Brycon spp.*) e Pirapitinga (*Colassoma bidens*), apresentaram proporções entre 1,1 e 0,8 para mercúrio e selénio. Assim, o consumo de peixes carnívoros que vivem nos rios da Bacia Amazônica, como o surubim (um dos mais pescados na região), pode representar uma fonte de contaminação por mercúrio para a população ribeirinha.

Além disso, foi investigado o papel do selénio numa população exposta ao mercúrio na região do rio Tapajós, no Estado do Pará (Brasil). Depois de avaliar os níveis de mercúrio e selénio no sangue total de uma população ribeirinha, Lemire e colaboradores (2006) encontraram uma correlação negativa entre as concentrações de selénio e mercúrio no sangue: as pessoas que apresentavam concentrações mais elevadas de selénio apresentavam níveis mais baixos de mercúrio. Observou-se, inclusive, que o mercúrio foi acumulado ao longo da cadeia alimentar aquática, e representaria uma fonte de contaminação para a população humana que consumia peixe, pelo menos, em uma de suas principais refeições diárias.

O consumo de peixes pela população ribeirinha da Bacia Amazônica, especificamente nas proximidades do Rio Tapajós, pode ser prejudicial para fetos, bebês e adultos. Segundo os pesquisadores, a população ribeirinha tinha uma dieta rica em peixes, o que explicaria a preocupação em relação aos níveis de mercúrio das gestantes. Pinheiro e colaboradores (2005) avaliaram também se haveria diferenças na concentração de metais pesados entre as diferentes fases da gestação (primeiro, segundo e terceiro trimestre de gestação). Por fim, compararam os níveis médios de selénio e mercúrio de mulheres grávidas e não grávidas. Pinheiro e colaboradores (2005) relataram que o nível médio de selénio em amostras de cabelo de mulheres grávidas foi de cerca de 0,61 µg/g (0,40-2,23) e aproximadamente 2,46 µg/g (0,925,74) para mulheres não grávidas, tendo sido identificada diferença significativa entre os dois grupos. Em relação às concentrações de mercúrio, foram mensurados níveis em torno de 8,25 µg/g (1,51-19,43) e 9,39 µg/g (5,25-21,00) em amostras de gestantes e não gestantes, respetivamente, não sendo identificadas diferenças significativas entre os dois grupos. Esses pesquisadores observaram, ainda, que as concentrações de mercúrio não diferiram entre os estágios da gestação.

Em outro estudo, Lemire e colaboradores (2011) investigaram se a contaminação da população ribeirinha por mercúrio e chumbo provocaria déficits motores nessas pessoas. Avaliaram também se concentrações elevadas de selênio estariam associadas a um melhor desempenho locomotor. Foram incluídos no estudo 488 voluntários (idade entre 15 e 87 anos), residentes na Bacia do Baixo Tapajós, na Amazônia brasileira. Os investigadores determinaram as concentrações de selénio no sangue total, plasma, cabelo e urina dos voluntários. Além disso, foram medidas as concentrações de mercúrio e chumbo no sangue total dos voluntários. A atividade motora foi estimada através da avaliação de tarefas específicas exigidas aos voluntários.

Lemire e colaboradores (2011) relataram que as concentrações médias de selénio no sangue total de voluntários foi de cerca de 228 µg/l (103-1.500 µg/l), no plasma foi de cerca de 135 µg/l (53.6-913 µg/l), em amostras de cabelo cerca de 0,7 µg/g (0,4-3,8 µg/g) e na urina cerca de 33,6 µg/g de creatinina (2,3-1,375 µg/g de creatinina). Os níveis médios de mercúrio no sangue total e as concentrações de chumbo no plasma foram de 42,5 µg/l e 113 µg/l, respetivamente. Estes investigadores observaram que os níveis de selénio (principalmente plasmático) estavam positivamente correlacionados com um melhor desempenho locomotor. Eles enfatizaram que este foi o primeiro estudo relatando benefícios de altas concentrações plasmáticas de selênio no desempenho locomotor humano, cujas pessoas continham níveis plasmáticos elevados de mercúrio concomitantemente. Os pesquisadores concluíram que, em populações expostas ao mercúrio como a avaliada em seu estudo, o consumo de altos níveis de selênio através da dieta poderia proteger as funções locomotoras e neurológicas dessas pessoas contra potenciais prejuízos relacionados à sobrecarga de mercúrio.

Embora se reconheça há muito tempo que o selénio reduziria os níveis de mercúrio e, por sua vez, protegeria, pelo menos alguns, contra o envenenamento por este metal pesado, o mecanismo subjacente ainda não foi completamente elucidado. Pensa-se que a desintoxicação dependeria da complexação ocorrida entre o selénio e o mercúrio, gerando um composto mais fácil de ser excretado. Consequentemente, evitaria que o mercúrio ficasse disponível para reagir com biomoléculas e, desta forma, atenuaria os seus efeitos tóxicos. Ao mesmo tempo, provocaria uma queda nas concentrações de selénio no sangue, na medida em que seria excretado juntamente com o mercúrio. Assim, o micronutriente só proporcionará este efeito protetor em excesso molar em relação ao mercúrio (proporção molar superior a 1 para o selénio).

Em relação ao cádmio, observou-se inicialmente que a suplementação com selénio na dieta podia aumentar a deposição de cádmio e mercúrio nos testículos de ratos. Além disso, a deficiência de selénio causava um aumento da excreção de cádmio nas fezes e na urina e de mercúrio na urina (Alabi e Whanger, 1987). No entanto, existem outros relatórios que revelam que o selénio pode atenuar a toxicidade do cádmio.

Stajn e colaboradores (1997) realizaram um estudo obrigando ratos a ingerir água contaminada com cádmio (200 ppm) ou contendo cádmio mais selenito de sódio (0,1 ppm) durante um período de 30 dias. Os investigadores determinaram i) os níveis de cádmio nos rins, no plasma e nos eritrócitos; ii) mediram a atividade das enzimas antioxidantes SOD, MnSOD, CuZnSOD, catalase, GSH-Px e glutationa-S-transferase (GST) do tecido renal; iii) determinaram os níveis de GSH e GSSG dos eritrócitos e do plasma dos animais; e iv) mediram as concentrações de ácido ascórbico e vitamina E do tecido renal dos ratos.

Observaram que o cádmio era acumulado principalmente no tecido renal, com níveis baixos medidos no plasma e nos eritrócitos dos ratos. Em relação às enzimas antioxidantes, a exposição ao cádmio resultou na inibição das actividades da SOD total, MnSOD e GSH-Px. Pelo contrário, o metal pesado provocou uma elevação da atividade da enzima GST e da concentração de vitamina E nos rins. Por outro lado, a ingestão de cádmio não afectou a atividade da catalase do tecido renal nem os níveis de ácido ascórbico e glutatião dos eritrócitos.

A ingestão concomitante de selenito reverteu parcialmente os efeitos do envenenamento crónico por cádmio. Assim, o selénio reduziu a absorção de cádmio pelos eritrócitos, mas não protegeu contra a deposição renal nem reduziu os níveis plasmáticos do elemento tóxico. Ao mesmo tempo, os animais que beberam água contendo ambos, cádmio e selenito de sódio, não mostraram diferenças em termos de actividades de MnSOD, catalase e GSH-Px, assim como os níveis de vitamina E foram semelhantes aos do grupo de controlo (água pura). No entanto, em relação à atividade de CuZnSOD, GST e concentrações de ácido ascórbico, observou-se um aumento significativo.

Numa outra pesquisa, Newairy e colaboradores (2007) testaram um possível efeito protetor do selénio contra a hepatoxicidade causada pelo cádmio em ratos. Os investigadores avaliaram uma série de parâmetros bioquímicos, tais como: nível de peroxidação lipídica hepática (medido como malondialdeído - MDA); estado dos sistemas antioxidantes (glutatião reduzido, glutatião peroxidase e tioredoxina redutase); níveis de diferentes classes lipídicas e perfil de ácidos gordos. Os ensaios foram efectuados com três grupos de ratos (15 animais cada). O primeiro grupo (grupo de controlo) recebeu solução salina intraperitoneal (i.p.) diariamente durante 10 dias. O segundo grupo (grupo tratado com cloreto de cádmio) recebeu 2 mg/kg de peso corporal de solução de cloreto de cádmio i.p. durante um período de 10 dias. O terceiro grupo (grupo tratado com cloreto de cádmio/selenito de sódio) recebeu cloreto de cádmio como no segundo grupo e recebeu selenito de sódio i.p. (1 mg/kg de peso corporal) no primeiro e no sexto dia do tratamento.

Newairy e colaboradores (2007) observaram que o tratamento com cádmio aumentou os níveis hepáticos de MDA e a percentagem média de ácidos gordos saturados totais em todas as classes de lípidos, ao passo que o poder do sistema antioxidante, os níveis de ésteres de colesterol hepático, triglicéridos, fosfolípidos totais, ácidos gordos mono e polinsaturados em todas as classes de lípidos diminuíram em comparação com os ratos de controlo. Estas alterações resultantes do tratamento com Cd foram evitadas devido ao tratamento dos ratos com selénio, uma vez que os níveis de glutatião reduzido, glutatião peroxidase e tioredoxina redutase foram induzidos no grupo tratado com Se/Cd em comparação com o grupo tratado com Cd ou com o grupo de controlo. Além disso, o selénio manteve os níveis baixos de ésteres de colesterol, triglicéridos, fosfolípidos totais, ácidos gordos mono e poli-insaturados em todas as classes de lípidos causados pelo cádmio nos seus níveis normais. Concluíram que o stress oxidativo induzido pelo cádmio aumenta os níveis de radicais livres e diminui o nível de antioxidantes. Este stress oxidativo pode ser a causa primária da hepatotoxicidade induzida pelo Cd. Além disso, os investigadores sublinharam que o selénio pode ser utilizado como agente protetor contra a toxicidade do Cd, uma vez que melhora a hepatotoxicidade induzida pelo cádmio através da redução dos níveis de MDA e do aumento das actividades das enzimas antioxidantes.

O selénio, sob a forma de sais inorgânicos, também foi protetor contra o stress causado pelo cádmio em plantas, como na ervilha (*Pisum sativa* L) (Mousa e Alla, 2016); em plântulas de pepino (*Cucumis sativus*) (Sun et al, 2016); em colza (*Brassica napus* L.) (Wu et al., 2016); em arroz (*Oryza sativa* L) (Lin et al., 2012); e em folhas de tabaco (*Nicotiana tabacum* L.) (Liu et al., 2015).

Em suma, pode presumir-se que a propriedade do selénio para atenuar a toxicidade dos metais pesados depende da capacidade de quelação e da atividade antioxidante. Em relação à quelação, esta é exibida preferencialmente por espécies inorgânicas, enquanto o papel de eliminador é resultante de enzimas antioxidantes contendo selenocisteína (GSH-Px, sistema tioredoxina/tioredoxina redutase). Considerando que as espécies inorgânicas parecem mais capazes de elevar a atividade das selenoenzimas, especula-se que as principais espécies de selénio envolvidas na redução do envenenamento por metais pesados são os sais inorgânicos, ou seja, Na2SeO3 e Na2SeO4.

5.3 - Prevenção das doenças cardiovasculares

Em relação aos seres humanos, existem provas ecológicas e epidemiológicas sobre a relação entre a concentração de selénio no soro e as doenças cardiovasculares em populações onde foram encontradas baixas concentrações de selénio no soro, ou seja, na Finlândia Oriental. Estudos clínicos realizados na Alemanha, Finlândia e Suécia relataram concentrações subnormais de selénio no soro e concentrações parciais de selénio no sangue total em doentes com enfarte agudo do miocárdio. No caso de doentes com arteriosclerose coronária, foram comunicadas concentrações subnormais de selénio no soro nos EUA e na Alemanha e concentrações subnormais de selénio no sangue total na Alemanha. Foram comunicadas concentrações subnormais de selénio no soro e no sangue total de doentes com cardiomiopatia em áreas não afectadas pela doença de Keshan na Alemanha, França e China (Oster e Prellwitz, 1990).

Na deficiência de selénio, pode ocorrer uma acumulação de peróxidos lipídicos no coração, especialmente em condições isquémicas e se o tecido isquémico for reperfundido. Os peróxidos lipídicos no coração podem danificar a membrana celular e levar a um transporte deficiente de cálcio com uma acumulação descontrolada de cálcio na célula. Isto pode resultar numa ativação dos fosfolípidos e, consequentemente, numa maior formação de ácido araquidónico. Um aumento da concentração de peróxidos lipídicos devido à deficiência de selénio pode alterar a síntese de prostaglandinas, de prostaciclina para tromboxano, causando um aumento da pressão sanguínea e da agregabilidade plaquetária (Oster e Prellwitz, 1990).

Estudos com modelos animais indicaram que o selénio pode proteger contra elementos cardiotóxicos, xenobióticos cardiotóxicos e infecções virais que afectam o coração. A deficiência de selénio pode também ser um fator secundário na indução de hipertensão e isquemia do miocárdio (Oster e Prellwitz, 1990).

Provavelmente, a demonstração mais clássica dos efeitos do selénio nas doenças cardiovasculares em seres humanos foram os episódios de cardiomiopatia observados em regiões com níveis muito baixos de selénio no solo, situadas na China. A cardiomiopatia juvenil ou doença de Keshan afecta principalmente crianças, adolescentes e mulheres grávidas, e caracteriza-se por necrose e calcificação do miocárdio (Keshan Disease Research Group, 1979; Tan et al., 1987). Embora o selénio não possa ser a causa primária do problema, a suplementação com este micronutriente foi relacionada com a diminuição da gravidade da doença em pessoas que vivem na região endémica (Keshan Disease Research Group, 1979). Estes resultados são corroborados por relatos de cardiomiopatia em animais, especialmente em ovelhas que pastam alimentos grosseiros cultivados em solos com níveis muito baixos de selénio (Beytut et al., 2002). Do mesmo modo, na doença do músculo branco, que afecta os músculos esqueléticos dos animais (principalmente cordeiros, cabritos e vitelos), o coração das ovelhas doentes estava coberto por focos de calcificação e apresentava alterações nas válvulas cardíacas. Além disso, a doença provocava uma superfície rugosa e a perda de brilho do endocárdio. Nesta região da Turquia, muitas ovelhas sofreram morte súbita devido a esta cardiomiopatia causada por deficiência de selénio (Beytut et al., 2002). Além disso, os suínos mantidos sob uma dieta pobre em selénio desenvolveram, geralmente, uma doença cardíaca com o coração a apresentar um aspeto de pontos esbranquiçados e a doença ficou conhecida como doença cardíaca da amoreira (Rederstorff et al., 2006).

A enzima homocisteína metiltransferase (hocysMT) encontra-se também nos animais e nos seres humanos, estando normalmente diminuída nos indivíduos com deficiência de selénio (Uthus et al.,

2002). Nos seres humanos, participa na metilação da homocisteína em metionina. Foi demonstrado que os níveis de homocisteína estavam negativamente associados à ingestão de proteínas (Gonzalez et al., 2004), e sempre que a atividade da hocysMT é reduzida, pode ocorrer uma acumulação de homocisteína no soro. Além disso, foi referido que um baixo nível de selénio está associado a um maior nível de homocisteína no soro humano (Gonzalez et al., 2004), e uma maior concentração sérica de homocisteína é considerada um fator de risco para doenças cardiovasculares (Jakubowski, 1997; Welch e Loscalzo, 1998; Schnabel et al., 2005). Neste sentido, em cordeiros criados em regiões formadas por solos muito pobres em selénio, foi observada uma cardiomiopatia associada a um baixo nível de selénio, cujos animais apresentavam níveis mais elevados de homocisteína no plasma e no tecido cardíaco (Rezaei e Dalir-Naghadeh, 2009).

Os efeitos adversos de níveis séricos elevados de homocisteína no desenvolvimento e progressão da ateroscleorose podem envolver alguns mecanismos possíveis, mas entre eles destacam-se o stress oxidativo e a redução dos níveis de óxido nítrico endotelial (Loscalzo, 1996). Parece existir uma relação inversa entre os níveis de homocisteína e a atividade da GSH-Px1. Por exemplo, num estudo prospetivo de 643 pacientes acompanhados clinicamente durante 7,1 anos, observou-se que os níveis de homocisteína estavam significativamente elevados nos indivíduos com evento cardiovascular futuro (15,4 *versus* 13,4 gmol/l; $p > 0,0001$) e a GSH-Px1 estava mais baixa (45,3 ± 13,1 *versus* 50,2 ± 11,0 U/g de hemoglobina; $p < 0,0001$). Em pacientes com atividade da GSH-Px1 abaixo do valor mediano e níveis plasmáticos de homocisteína acima da mediana, houve um aumento de 3,2 vezes ($p < 0,0001$) no risco cardiovascular, enquanto que para aqueles com maior atividade da enzima este preditor de risco foi perdido (Schnabel et al., 2005).

O coração é um dos principais órgãos de consumo de oxigénio do corpo humano. Logo, corre o risco de sofrer stress oxidativo se as defesas antioxidantes estiverem comprometidas. Neste contexto, tem sido referido que a GSH-Px1 é uma enzima antioxidante essencial na proteção contra a lesão miocárdica e vascular mediada por ROS (Yoshida et al., 1996; 1997; Forgione et al., 2002). Neste sentido, Lim e colaboradores (2009) demonstraram que o seu papel é dependente do género. Os pesquisadores estudaram os efeitos da isquemia-reperfusão com camundongos machos e fêmeas de duas linhagens, wild-type e GSH-Px1 knockout ($/^{--}$). Observaram que, nos ratinhos machos, a atividade da GSH-Px1 era crítica para a cardioprotecção após o insulto oxidativo causado pela isquémia-reperfusão, enquanto que nos ratinhos fêmeas não era tão crucial e outros mecanismos, como a conversão melhorada de nitrato em nitrito e o ciclo ascorbato-hidroascorbato, poderiam ajudar a preservar a função cardíaca (Lim et al., 2009).

Outro membro da família GSH-Px, ou seja, a GSH-Px3, é uma proteína que contém selenocisteína no plasma e que elimina as ROS no compartimento extracelular. Para investigar o papel adicional da GSH-Px3 na regulação positiva da ativação e agregação plaquetárias, Jin e colaboradores (2011) desenvolveram ratinhos geneticamente modificados que expressam 50% ($/^{+-}$) ou nocaute ($/^{--}$) GSH-Px3 e compararam-nos com o tipo selvagem em vários ensaios de avaliação da trombose *in vivo*. Observaram que os ratinhos GSH-Px3 ($/^{--}$) apresentavam um tempo de hemorragia atenuado e uma resposta de agregação melhorada ao agonista ADP em comparação com os ratinhos de tipo selvagem. Os ratinhos GSH-Px3 ($/^{--}$) apresentaram um nível aumentado de P-selectina solúvel (um marcador da atividade plaquetária e pró-trombótica) e uma diminuição do GMPc plasmático (uma molécula mensageira chave e um marcador da ativação da guanilil ciclase solúvel pelo óxido nítrico) do que os ratinhos de tipo selvagem. A infusão de ADP induziu a agregação plaquetária na vasculatura pulmonar e produziu uma resposta de ativação plaquetária mais robusta nos ratinhos GSH-Px3 ($/^{--}$), com pressões sistólicas do ventrículo direito mais elevadas do que nos ratinhos de tipo selvagem. Este resultado foi confirmado pela análise histológica que revelou um aumento dos trombos ricos em plaquetas e uma maior percentagem de vasos ocluídos. As preparações do músculo cremaster revelaram disfunção endotelial nos animais GSH-Px3 ($/^{--}$) em comparação com os ratinhos de tipo selvagem. No ensaio de oclusão da artéria cerebral média, foram observados enfartes cerebrais significativamente maiores em comparação com ratinhos de tipo selvagem e acidentes vasculares cerebrais dependentes de plaquetas. A pontuação cerebral foi pior nos ratinhos GSH-Px3 ($/^{--}$) do que nos animais de tipo selvagem. Para todos os parâmetros acima mencionados, os ratinhos GSH-Px3 ($/^{+-}$) apresentaram medidas intermédias (Jin et al., 2011). Noutro ensaio foi demonstrado que a administração de um antioxidante [manganês (III) meso-tetraquis (ácido 4-benzoico) porfirina - MnTBAP)] reduziu o tamanho do AVC em ratinhos GSH-Px ($/^{--}$) em comparação com o controlo tratado com veículo. Considerando que as plaquetas, quando activadas, geram superóxido, peróxido de hidrogénio e peróxidos lipídicos (Marcus et al., 1997), especula-se que uma baixa atividade ou mesmo a abolição da atividade da GSH-Px3 poderia levar a níveis elevados de peróxido de hidrogénio e à acumulação de superóxido (Naseem e Bruckdorfer, 1999). Nestas condições, pode ocorrer uma diminuição da disponibilidade de óxido nítrico no endotélio devido à sua reação com o superóxido para gerar peroxinitrito. Além disso, as ROS podem diminuir a tetrahidrobiopterina (BH4), essencial para a atividade da eNOS (Jin et al., 2011).

De acordo com isto, foi demonstrado que os animais deficientes em selénio eram mais susceptíveis a lesões causadas por isquemia-reperfusão do miocárdio (Toufektsian et al., 2000), enquanto a suplementação com oligoelementos, incluindo o selénio, melhorou a recuperação cardíaca após lesão de isquemia-reperfusão, diminuiu o tamanho do enfarte e reduziu as arritmias induzidas pela reperfusão (Pucheu et al., 1995; Tanguy et al., 1998; Rakotovao et al., 2005), bem como protegeu os ratos contra a remodelação cardíaca pós-infarto (Tanguy et al., 2011). Além disso, a deleção da GSH-Px1 levou os ratos a serem mais suscetíveis aos danos provocados pela isquemia-reperfusão (Yoshida et al., 1997), enquanto a superexpressão da mesma enzima tornou os ratos mais resistentes à lesão de isquemia-reperfusão do miocárdio (Yoshida et al., 1996). Além disso, um outro estudo mostrou que a atividade de ambas as enzimas que contêm selenocisteína, nomeadamente a tioredoxina redutase e a GSH-Px, protegia significativamente o miocárdio dos danos de isquemia-reperfusão em ratinhos suplementados com o micronutriente, mas não naqueles que se tornaram deficientes em selénio (Venardos et al., 2004). Camundongos geneticamente modificados para expressar níveis reduzidos de tioredoxina-1 no coração apresentaram aumento do estresse oxidativo associado à hipertrofia cardíaca, enquanto animais do tipo selvagem exibiram níveis reduzidos de hipertrofia e estresse oxidativo em resposta à sobrecarga de pressão (Yamamoto et al., 2006). Existem evidências de que a capacidade antioxidante da tioredoxina 1 e 2, juntamente com o seu ciclo redutor catalisado pela tioredioxina redutase (o sistema tioredoxina/tioredoxina redutase), parece prevenir a hipertrofia e remodelação cardíaca, como foi demonstrado em vários modelos animais de doença cardíaca (Ago e Sadoshima, 2006). Além disso, num estudo *in vitro*, o selenito de sódio, através do aumento das actividades da GSH-Px e da tioredoxina redutase, protegeu significativamente as células endoteliais contra o ataque de um agente oxidante ou de lipoproteínas de baixa densidade oxidadas (Lewin et al., 2002). Conrad e colaboradores (2004) referiram que os embriões de ratinhos TrxR2 ($^{-/-}$) morriam no 13º dia embrionário. Eram mais pequenos, gravemente anémicos e apresentavam um aumento da apoptose no fígado. O tamanho das colónias hematopoiéticas cultivadas *ex vivo* foi drasticamente reduzido. A parede do coração ventricular dos embriões TrxR2 ($^{-/-}$) estava mais fina e a proliferação de cardiomiócitos estava diminuída. Histologicamente, os cardiomiócitos apresentavam núcleos picnóticos, perda parcial da estriação cruzada, inchaço das mitocôndrias e destruição das cristas mitocondriais. Assim, a ablação de TrxR2 restrita ao tecido cardíaco resultou em cardiomiopatia fatal, uma condição que lembra a da doença de Keshan (Konrad et al., 2004). Noutro modelo *in vivo* de doença cardíaca, ao administrar triiodotironina ou isoproterenol a ratinhos durante 7 dias, observou-se um aumento do nível de H2O2 e da atividade da caspase-3 no tecido cardíaco. Ambos os tratamentos provocaram um aumento do ARNm da selenoenzima metionina sulfóxido redutase 1 (MsrB1, também designada SelR) nos corações hipertróficos, bem como da GSH-Px3, GSH-Px4 e tioredoxina redutase-1, que se postulou actuarem na minimização dos danos oxidativos intracelulares (Hoffmann et al., 2011). Em doentes humanos submetidos a cirurgia cardíaca, um bom estado de selénio parece proteger contra a falência de múltiplos órgãos no pós-operatório e reduzir a mortalidade (Stoppe et al., 2011; Koszta et al., 2012; Stevanovic et al., 2014). Além disso, existem muitas evidências que sugerem que o selénio pode melhorar o estado clínico de pacientes sépticos, protegendo o coração contra a depleção de energia e a disfunção mitocondrial, melhorando assim a força de contração e o débito cardíaco (Prauchner, 2017).

Relativamente ao papel das ERO, da peroxidação lipídica e da disfunção mitocondrial nas doenças cardiovasculares, Hollander e colaboradores (2003) realizaram uma experiência para avaliar se as ERO resultantes da isquemia/reperfusão (I/R) poderiam estar envolvidas nos danos causados ao tecido cardíaco. Especificamente, examinaram os efeitos da sobreexpressão da glutationa peroxidase de hidroperóxido de fosfolípidos mitocondrial (mGSH-Px) e da GSH-Px citosólica (cGSH-Px) na proteção contra a I/R simulada em miócitos cardíacos de ratos neonatos (NCM). Além disso, foi investigado um efeito combinatório protetor com as proteínas de choque térmico 60 e 10 (HSP60/10). Num ensaio, os NCM foram infectados com vectores adenovirais que expressam mGSH-Px, cGSH-Px, HSP60/10 ou um controlo vazio (Adv-) e submetidos a 8 horas de isquemia seguidas de 16 horas de reoxigenação. Eles observaram que a infeção por mGSH-Px levou a uma diminuição de 40% no malondialdeído e 4-hidroxi-2(E)-nonenal após I/R ($p < 0,05$). A libertação de creatina quinase e lactato desidrogenase diminuiu tanto nas células infectadas com mGSH-Px como nas células infectadas com HSP60/10 ($p < 0,05$). A combinação de mGSH-Px e sobreexpressão de HSP60/10 conduziu a uma maior proteção ($p < 0,01$). Os fragmentos de DNA laddering e de DNA associado à histona foram reduzidos nas células infectadas por GSH-Px e HSP60/10 ($p < 0,01$). A libertação de citocromo *c* das mitocôndrias foi reduzida nas células infectadas com mGSH-Px. Além disso, a superexpressão de mGSH-Px preservou a função do complexo IV da cadeia de transporte de electrões após simulação de I/R ($p < 0,05$). De acordo com os autores, estes resultados indicam que a sobreexpressão de GSH-Px proporciona proteção contra os danos resultantes da lesão de I/R simulada, particularmente nas mitocôndrias, e que a combinação de mGSH-Px e HSP60/10 confere um efeito protetor adicional.

Tendo em conta que o stress oxidativo e a modificação oxidativa da porção de lipoproteínas de baixa densidade (LDL) estão envolvidos na patogénese da aterosclerose (Witzum, 1994), os antioxidantes poderiam atenuar os efeitos causados pela doença. De facto, a atividade da GSH-Px1 foi inversamente associada a eventos cardiovasculares em doentes com doença coronária (Blankenberg et al., 2003). Num estudo prospetivo de acompanhamento de 27 anos com 615 homens suecos, observou-se que um nível mais elevado de selénio estava associado a níveis reduzidos de stress oxidativo e inflamação subclínica mediada por COX (mas não mediada por citocinas) numa população masculina, cujos efeitos estavam relacionados com uma proposta propriedade protetora cardiovascular do selénio (Helmersson et al., 2005). Em outro estudo com humanos, Natella e colaboradores (2007) avaliaram efeito da suplementação de selênio (110 µg/dia) na prevenção da formação de minúsculas LDL aterogênicas na fase pós-prandial. Observaram que a suplementação com selénio impediu totalmente o aumento induzido pela refeição tanto no nível de LDL minus como na suscetibilidade do LDL à oxidação, prevenindo assim o stress oxidativo pós-prandial. Estes resultados, obtidos em indivíduos adequadamente abastecidos com selénio, sugerem que uma disponibilidade não limitada de selénio contraria a formação pós-prandial da forma aterogénica do LDL e fornece uma justificação para a evidência epidemiológica da correlação inversa entre a ingestão de selénio e a incidência de doenças crónicas e degenerativas (Natella et al., 2007).

O disseleneto de difenilo, um composto organo-seleno, impediu a oxidação do LDL humano *in vitro* através da sua atividade semelhante à da tiol-peroxidase. Além disso, o composto também apresentou um efeito protetor dependente da dose contra a peroxidação lipídica induzida por Cu^{2+} em fatias de aorta de rato (de Bem et al., 2008).

Khatri e colaboradores (2004) desenvolveram ratinhos transgénicos que sobre-expressam pp22phox, um componente da enzima NAD(P)H oxidase em células musculares lisas (SMC) para estudar a angiogénese na aterosclerose. Os investigadores descobriram que as SMC nas lesões arteriais dos ratinhos transgénicos produziam níveis mais elevados de H2O2 e de fator de crescimento endotelial vascular (VEGF) do que os animais de controlo, provavelmente devido a uma maior expressão do fator induzido pela hipóxia (HIF-1α). Além disso, as lesões dos ratinhos transgénicos eram complicadas por uma angiogénese neo-intimal extensa. *In vitro*, foi demonstrado que o tratamento das células SMC com ebselen (10, 20 e 40 µmoГl), um composto organo selénio que actua como antioxidante mimético da glutationa peroxidase, diminuiu significativamente os níveis de

H2O2 e diminuiu a expressão de VEGF sem afetar a sua viabilidade. *In vivo*, observou-se que os animais que foram submetidos a infusão de ebselen (10 mg/kg/dia) durante os primeiros 14 dias após o início da lesão mostraram níveis reduzidos de H2O2 arterial, tamanho da lesão e remodelação expansiva das artérias carótidas que sobreexpressam a NAD(P)H oxidase em comparação com os controlos tratados com veículo. Além disso, o p-fenilenobis(metileno)selenocianato, que é outro composto de organosselénio, foi relatado como citotóxico para as células endoteliais vasculares e para inibir a neovascularização *in vivo* (Schumacher et al., 2011).

Entre as proteínas que contêm selenocisteína, as iodotironina-5'-deiodinases compreendem um grupo de enzimas envolvidas no metabolismo das hormonas tiroideias e a sua expressão suficiente depende do estado completo de selénio (70-100 µg/l) (Neve, 1995; Duffield et al., 1999; Rayman e Clark, 2000). Existem três formas dessas enzimas: deiodinase tipo 1 (D1), deiodinase tipo 2 (D2) e deiodinase tipo 3 (D3). Especificamente, o membro D2 é expresso no miocárdio. No tecido cardíaco, a D2 catalisa a conversão da tiroxina (T4) em triiodotironina (T3), a forma ativa da hormona tiroideia. Foi demonstrado que a atividade da D2 no coração aumenta o nível de T3 e melhora a função contrátil cardíaca, ao mesmo tempo que previne a deterioração da função cardíaca e altera a expressão genética após sobrecarga de pressão. Assim, o selénio, actuando através da atividade D2, provocou elevações específicas da hormona tiroideia no miocárdio, prevenindo desta forma a disfunção cardíaca induzida pela sobrecarga de pressão (Trivieri et al., 2006).

Em relação a pacientes humanos, Flores-Mateo e colaboradores (2006) realizaram uma meta-análise que incluiu vinte e cinco estudos observacionais (14 estudos de coorte prospectivos e 11 estudos de controlo de casos) e relataram uma relação inversa substancial entre as concentrações de selénio e o risco cardiovascular. Além disso, um aumento de 50% nas concentrações de selénio foi associado a uma redução de 24% do risco de eventos coronários (Flores-Mateo et al., 2006).

A Selenoproteína S (SelS) tem sido previamente associada a uma série de marcadores inflamatórios de doenças cardiovasculares, especialmente à aterosclerose. Neste sentido, Cox e colaboradores (2013) avaliaram a possível relação entre 10 polimorfismos que marcam a Sels (variação genética da SELS) e a placa calcificada coronária (CAC), carotídea (CarCP) e abdomino-aórtica (AACP), espessura da íntima média da carótida (IMT) e outros factores de risco cardiovascular conhecidos em 1.220 europeus americanos do Diabetes Heart Study (diabetes mellitus tipo 2) de base familiar. Foi observada a mais forte evidência de associação entre os SNPs CarCP e SELS rs28665122 (região 5'), rs4965814 (intrão 5), rs28628459 (região 3'), rs7178239 (a jusante). Além disso, o rs12918239 (intrão 5) foi associado à CAC e os rs4965814, rs4965814, rs28628459 e rs9806366 foram associados à auto-história de doença cardiovascular prévia. De acordo com os autores, este estudo sugeriu um papel potencial para a região do gene SELS no desenvolvimento de doença cardiovascular subclínica em pacientes que sofrem de diabetes tipo 2 (Cox et al., 2013).

No entanto, alguns estudos com humanos não conseguiram estabelecer a relação entre os níveis de selénio e as doenças cardiovasculares. Por exemplo, Xun e colaboradores (2010) analisaram um total de 3.112 americanos com idades compreendidas entre os 20 e os 32 anos, durante 8 anos, para verificar uma possível relação entre a doença aterosclerose subclínica e os níveis de selénio nas unhas dos pés, sendo que os investigadores não encontraram uma associação inversa. No Nutritional Prevention Cancer Trial (1983-1996) foram estudados os efeitos da suplementação com selénio (200 µg por dia) entre os participantes que não apresentavam doenças cardiovasculares na linha de base (504 pacientes no grupo tratado e 500 pacientes no grupo placebo). Não foram relatados efeitos benéficos da suplementação com selénio contra o desenvolvimento de quaisquer parâmetros de doença cardiovascular durante 7,6 anos de seguimento, enfarte do miocárdio, acidente vascular cerebral e mortalidade por todas as doenças cardiovasculares (Stranges et al., 2006).

De acordo com Ju e colaboradores (2017) realizaram uma meta-análise de estudos sobre a relação entre o selénio e a doença cardiovascular em doentes diabéticos. Consideraram o efeito da suplementação com selénio na mortalidade por doença coronária, no perfil lipídico do sangue (colesterol de lipoproteína de alta densidade, colesterol de lipoproteína de baixa densidade e colesterol total), na proteína C-reactiva sérica (PCR) e no nível de glutationa peroxidase (GSH-Px) desde o início até 20 de setembro de 2016. O odds ratio da mortalidade por doença coronária e os intervalos de confiança (IC) de 95% associados foram calculados utilizando o modelo de efeito fixo. A diferença média ponderada ou a diferença média padronizada (SMD) e os intervalos de confiança de 95% (IC) foram calculados para determinar o perfil lipídico, a PCR sérica e a GSH-Px utilizando modelos de efeito fixo ou de efeito aleatório, dependendo da heterogeneidade observada. Os investigadores observaram que, num total de 16 ensaios controlados aleatórios elegíveis com 43.998 participantes, foram observados efeitos significativos na PCR sérica (DMP = -0,48; IC 95%, -0,96 a 0; $p = 0{,}049$) e na GSH-Px (DMP = 0,5; IC 95%, 0,36-0,64; $p < 0{,}001$) após a suplementação com selénio. No entanto, a suplementação com selénio não foi estatisticamente associada à mortalidade por doença coronária e a um perfil lipídico aberrante. Tendo em conta os seus resultados, Ju e colaboradores (2-17) concluíram que a suplementação com selénio diminuiu a PCR sérica e aumentou o nível de GSH-Px, sugerindo um efeito positivo na redução do stress oxidativo e da inflamação na doença coronária. No entanto, a suplementação com selénio não foi suficiente para reduzir a mortalidade e melhorar o estado lipídico.

Num outro estudo, Rajpathak e colaboradores (2005) avaliaram a associação entre o selénio das unhas dos pés e as doenças cardiovasculares em homens com diabetes. Realizaram análises transversais e de caso-controlo aninhadas no âmbito do Health Professionals Followup Study, uma coorte de homens com idades compreendidas entre os 40 e os 75 anos em 1986. A análise transversal comparou controlos saudáveis ($n = 361$) com homens apenas com diabetes ($n = 688$) e homens com diabetes prevalente e doença cardiovascular ($n = 198$). O estudo de caso-controlo aninhado incluiu 202 homens diabéticos que desenvolveram doença cardiovascular incidente durante o acompanhamento e 361 controlos correspondentes. Os investigadores relataram que, após o controlo de potenciais factores de confusão, o odds ratio (OR) para a diabetes prevalente foi de 0,43 (IC 95%: 0,28, 0,64; $p < 0{,}001$) para o quartil mais elevado em comparação com o quartil mais baixo de selénio.

A comparação entre homens diabéticos com doenças cardiovasculares e controlos saudáveis produziu um OR de 0,86 (95% CI: 0,47, 1,56, *p-tendência* = 0,37) entre quartis extremos. Na análise caso-controlo aninhada, o OR entre quartis extremos foi de 0,57 (IC 95%: 0,29, 1,03; *p-tendência* = 0,07), comparando homens diabéticos com doença cardiovascular incidente com controlos saudáveis. Assim, os resultados sugerem que os níveis de selénio nas unhas dos pés são mais baixos nos homens diabéticos com ou sem doença cardiovascular do que nos controlos saudáveis. No entanto, este estudo não distinguiu entre os efeitos do selénio na diabetes e os efeitos na doença cardiovascular, pelo que não é possível concluir que o selénio protegeu contra a última infermidade.

No que diz respeito aos doentes diabéticos, Stranges e colaboradores (2007) avaliaram os efeitos da suplementação de selénio a longo prazo na incidência de diabetes tipo 2 com 1.202 participantes, suplementados com 200 µg/dia de selénio, durante um seguimento médio de 7,7 anos (resultados do Nutritional Prevention of Cancer Trial). Observou-se que, durante 7,7 anos de suplementação com selénio, 58 doentes do grupo tratado e 39 do grupo placebo desenvolveram diabetes tipo 2. Assim, os autores concluíram que a suplementação com selénio não parece prevenir a diabetes tipo 2, podendo antes aumentar o risco da doença (Stranges et al., 2007).

Assim, apesar de muitas evidências de estudos *in vitro* e de modelos animais *in vivo* de várias doenças cardiovasculares sugerirem uma relação inversa entre o selénio e o desenvolvimento/gravidade destas doenças, por vezes estes resultados não são confirmados na prática clínica. Sempre que se observou um efeito benéfico, este foi geralmente associado à atividade das selenoenzimas. Assim, se o selénio protege de facto contra as doenças cardiovasculares é uma questão em aberto, mas se é realmente eficaz, os efeitos dependerão das espécies de selénio que geram mais rapidamente seleneto de hidrogénio, fonte primária para a síntese de SeCys.

5.4 - Quimioprevenção

Vários estudos demonstraram uma correlação negativa entre os níveis de selénio e a incidência de cancro. Por exemplo, numa pesquisa realizada por Knekt e colaboradores (1990), avaliaram a associação entre o nível de selénio no soro e a incidência subsequente de cancro. Tratou-se de um estudo longitudinal com 39 268 homens e mulheres que participaram no Mobile Clinic Health Examination Survey da Social Insurance Institution na Finlândia. Os exames de base, incluindo a recolha de amostras de sangue, foram efectuados em 1968-1972. Durante um acompanhamento médio de 10 anos, foram identificados 1 096 novos casos de cancro a partir dos ficheiros do Registo Finlandês do Cancro. As concentrações de selénio foram medidas a partir das amostras de soro armazenadas recolhidas destes casos de cancro e de dois controlos por caso, emparelhados por sexo, município e idade. O nível médio de selénio no soro foi de 59,1 µg/l entre todos os casos de cancro do sexo masculino e de 62,5 µg/l entre os controlos. A diferença foi estatisticamente significativa ($p < 0,001$). Os valores correspondentes entre as mulheres foram 63,6 e 63,9 µg'"l, respetivamente. Níveis baixos de selénio sérico foram associados a um risco aumentado de desenvolver cancro em vários locais, especialmente cancros do estômago e do pulmão entre os homens. O risco relativo de cancro do pulmão entre o decil mais elevado e o mais baixo de selénio sérico foi de 0,11 e diferiu significativamente da unidade ($p < 0,001$). Estes resultados estão de acordo com a hipótese de que uma baixa ingestão de selénio pode aumentar o risco de alguns cancros nos homens.

Noutro estudo, Knekt e colaboradores (1998) realizaram um estudo de caso-controlo aninhado num estudo longitudinal sobre a relação entre os níveis séricos de selénio e o cancro do pulmão. Amostras de soro de 9.101 indivíduos sem cancro foram recolhidas e armazenadas a -20°C pela Clínica Móvel Finlandesa em 1968-1971 e 1973-1976. Durante o acompanhamento até ao final de 1991, foram diagnosticados 95 casos de cancro do pulmão. As concentrações de selénio foram determinadas a partir das amostras de soro dos casos e de 190 controlos, individualmente emparelhados em termos de sexo, idade e local de residência. Os níveis médios de selénio no soro dos casos e dos controlos foram de 53,2 µg "l e 57,8 µg'"l, respetivamente. O risco relativo de cancro do pulmão entre os tercis mais elevados e mais baixos de selénio sérico, ajustado para tabagismo, alfatocoferol sérico, colesterol sérico, cobre sérico, orosomucoide sérico e índice de massa corporal (kg/m^2), foi de 0,41 (intervalo de confiança de 95% [(Cl) 0,17-0,94]. A associação foi mais forte em níveis mais baixos (< 5,9 mg/litro) de alfa-tocoferol (risco relativo = 0,24, 95% Cl

0.07-0.85). A associação também foi pronunciada entre os fumadores actuais e em níveis mais elevados de orosomucoide sérico e cobre sérico. O risco relativo para os fumadores que foram duas vezes classificados nos tercis de selénio mais elevados, num intervalo de 4-7 anos, em comparação com os fumadores que permaneceram nos tercis mais baixos, foi de 0,16 (95% Cl 0,04-0,74). De acordo com a hipótese, estes resultados sugerem que um nível muito baixo de selénio pode contribuir para o risco de cancro do pulmão.

Cai e colaboradores (2016) desenvolveram uma pesquisa para investigar a associação entre a exposição ao selénio e o risco de cancro. Identificaram 69 estudos e aplicaram meta-análise, meta-regressão e análise dose-resposta para obter as provas disponíveis. Os resultados indicaram que uma exposição elevada ao selénio tinha um efeito protetor sobre o risco de cancro (OR agrupado = 0,78; 95% CI: 0,73-0,83). Os dados da análise linear e não linear da dose-resposta indicaram que um elevado teor de selénio no soro/plasma e nas unhas dos pés tinha eficácia na prevenção do cancro. No entanto, os investigadores não encontraram uma eficácia protetora do suplemento de selénio. Concluíram que uma exposição elevada ao selénio pode ter efeitos diferentes em tipos específicos de cancro: diminuiu o risco de cancro da mama, cancro do pulmão, cancro do esófago, cancro gástrico e cancro da próstata, mas o selénio não foi associado ao cancro colorrectal, cancro da bexiga e cancro da pele.

No entanto, Yang e colaboradores (2009) verificaram que o selenito de sódio e o SeMet protegiam os ratos portadores de carcinoma colorectal humano xenográfico da linha celular SW480. Foram utilizadas três doses de medicamentos anticancerígenos, incluindo 0,1 mg/kg/dia de selenito de sódio, 2 mg/kg/dia de selenito de sódio e 2 mg/kg/dia de SeMet. Exploraram o efeito anticancerígeno do selenito de sódio e do SeMet administrados por injecções intraperitoneais durante 21 dias. Yang e colaboradores (2009) avaliaram as alterações patológicas e a apoptose celular no tecido tumoral através da coloração com hematoxilina/eosina e do ensaio TUNNEL após o tratamento com estas espécies de selénio. Foram avaliados o nível de GSH e a atividade da enzima antioxidante GSH-Px nos tecidos tumorais. Além disso, foi utilizada a técnica de Western blotting para detetar a expressão de proteínas relacionadas com a apoptose. Os seus resultados sugerem que 2 mg/kg/dia de selenito de sódio ou SeMet inibiram significativamente o crescimento do tumor *in vivo*. Os investigadores também observaram alterações patológicas e apoptose celular nos tecidos tumorais após o tratamento com 2 mg/kg/dia de selenito de sódio ou SeMet. O nível de GSH aumentou ligeiramente, mas a atividade da GSH-Px foi reduzida. Além disso, o tratamento com 0,1 mg/kg/dia de selenito de sódio e 2 mg/kg/dia de SeMet reduziu a expressão da proteína Bcl-xL, aumentou a expressão de Bax, Bad e Bim e activou a caspase-9. Concluíram que o selenito de sódio e

O SeMet pode ser um agente anticancerígeno seletivo e pouco tóxico para o tratamento do cancro do carcinoma colorrectal humano.

Van den Brandt e colaboradores (1993) avaliaram a associação entre o selénio das unhas dos pés (um marcador do estado do selénio a longo prazo) e o cancro do pulmão num estudo de coorte sobre a dieta e o cancro que teve início em 1986 entre 120 852 homens e mulheres holandeses com idades compreendidas entre os 55 e os 69 anos. Após 3,3 anos de acompanhamento, foram detectados 550 casos incidentes de carcinoma do pulmão. Os dados sobre o selénio das unhas dos pés estavam disponíveis para 370 casos de cancro do pulmão e para 2.459 membros de uma subcoorte selecionada aleatoriamente. A taxa de incidência de cancro do pulmão nos indivíduos do quintil mais elevado em comparação com o quintil mais baixo de selénio nas unhas dos pés, depois de controlar a idade, o sexo, o tabagismo e a educação, foi de 0,50 (intervalo de confiança de 95%, 0,30-0,81), com uma tendência inversa significativa nos quintis ($p = 0{,}006$). O efeito protetor do selénio concentrou-se em indivíduos com uma ingestão alimentar relativamente baixa de β-caroteno ou vitamina C. O rácio da taxa no quintil mais elevado em comparação com o quintil mais baixo de selénio foi de 0,45 no grupo com baixo teor de caroteno (intervalo de confiança de 95%, 0,22-0,92; tendência $p = 0{,}028$) e 0,36 no grupo com baixo teor de vitamina C (intervalo de confiança de 95%, 0,17-0,75; tendência $p < 0{,}001$). Os resultados deste estudo apoiam uma associação inversa entre o estado do selénio e o cancro do pulmão e sugerem uma modificação do efeito do selénio pelos antioxidantes β-caroteno e vitamina C.

Cui e colaboradores (2017) realizaram uma meta-análise de estudos que avaliaram os níveis séricos de selénio e o risco de desenvolvimento de cancro da próstata. Eles consideraram 17 estudos adequados para uma investigação mais aprofundada. Foram utilizados odds ratios (ORs) agrupados e intervalos de confiança (ICs) de 95% para avaliar o OR global de cancro da próstata para os níveis mais elevados *versus* os níveis mais baixos de selénio sérico. Os investigadores encontraram um OR agrupado (95% CI) de 0,76 (0,64, 0,91; $p < 0{,}05$). Na análise de subgrupos, foi encontrada uma associação inversa entre os níveis séricos de selénio e o risco de cancro da próstata em cada um dos estudos de caso-controlo, fumadores actuais e antigos, casos de cancro de alto grau, casos de cancro avançado e diferentes populações. Tais correlações não foram encontradas para subgrupos que continham cada um dos estudos de coorte, não fumadores, casos de cancro de baixo grau e casos de cancro em fase inicial. Segundo eles, os dados sugerem uma relação inversa entre os níveis séricos de selénio e o risco de cancro da próstata.

Huang e colaboradores (2012) investigaram o papel da proteína de ligação ao selénio 1 (SBP1) no potencial invasivo de uma linha celular de carcinoma hepatocelular (CHC). Os investigadores verificaram que a inibição da SBP1 aumentou efetivamente a motilidade celular, promoveu a proliferação, e inibiu a apoptose apenas sob stress oxidativo. Também aumentou consideravelmente a atividade da GSH-Px1 sem alterar a expressão da GSH-Px1 e reduziu a expressão do fator induzível por hipoxia-1α (HIF-1a). A SBP1 e a GSH-Px1 formaram corpos nucleares e colocalizaram sob stress oxidativo. Em tecidos clínicos de CHC recentemente isolados, a diminuição da SBP1 foi associada a um aumento da atividade da GSH-Px1 e correlacionada com a invasão vascular. Os microarrays de tecidos tumorais indicaram que a SBP1 era um fator de risco independente para a sobrevivência global e a recorrência da doença: os doentes com menor expressão de SBP1 tiveram períodos de sobrevivência global mais curtos e taxas mais elevadas de recorrência da doença ($p < 0,001$). Tendo em conta os seus resultados, os investigadores concluíram que a diminuição da expressão de SBP1 poderia promover a invasividade tumoral através do aumento da atividade de GSH-Px1 e da diminuição da expressão de HIF-1α no CHC. Este estudo sugere um possível mecanismo molecular através do selénio que pode proteger contra a invasividade do cancro.

Assim, nos últimos anos surgiram provas da eficácia de certas formas de selénio como compostos quimiopreventivos do cancro. Além disso, o selénio parece ter um efeito protetor contra várias fases da carcinogénese, incluindo as fases iniciais e finais da progressão do cancro. Os mecanismos de ação do selénio contra o cancro não são totalmente compreendidos; no entanto, foram propostos vários: proteção antioxidante, através da regulação da expressão de proteínas redox-activas, modulando o estado redox de várias proteínas, equilibrando o estado redox intracelular; regulação das respostas inflamatórias e imunitárias; manutenção da estabilidade do ADN; indução da paragem do ciclo celular e da apoptose; inibição da invasão e migração locais; bloqueio da angiogénese; ativação ou inativação de proteínas reguladoras cruciais da proliferação celular; e aumento das enzimas desintoxicantes de carcinogéneo de fase II (Whanger et al., 2004; Zeng e Combs, 2008). Os investigadores demonstraram que a eficácia dos compostos de selénio como agentes quimiopreventivos *in vivo* está correlacionada com a sua capacidade de afetar a regulação do ciclo celular, de estimular a apoptose e de inibir a migração e a invasão das células tumorais *in vitro* (Zeng e Combs, 2008).

No que diz respeito à prevenção do cancro, o consumo de legumes *Brassica* e/ou *Allium* parece mais recomendado, porque fornecerá MeSeCys, uma importante fonte de metilselenol no fígado. Alternativamente, o consumo de um ligeiro excesso de selénio, talvez para produzir uma concentração plasmática de pelo menos 120 µg≠l (Brooks et al., 2001), pode ser saudável devido ao excesso ser desviado para a via da metilação, resultando também na síntese de metilselenol. Além disso, num estudo *in vitro* foi demonstrado que o metilselenol, em concentrações submicromolares, gerado a partir da SeMet por atividade da METase exógena, modulou a expressão da metaloproteinase da matriz (MMP) e do inibidor tecidular da metaloproteinase (TIMP), e inibiu o potencial de migração e invasão das células tumorais HT1080 (Zeng et al., 2006).

Bhattacharya e colaboradores (2009) avaliaram o potencial do MeSeCys contra o cancro do cólon-rectal. Utilizaram ratinhos nus fêmeas com xenografias de tumores do cólon-rectal humano das linhas celulares HCT-8 e HT-29. Para investigar a atividade antitumoral do MeSeCys contra os dois xenoenxertos de tumores do cólon-rectal, os ratinhos portadores de tumores foram tratados diariamente com 0,2 mg/rato/dia durante 16 dias e o crescimento do tumor foi monitorizado até ao final da experiência. Observaram uma redução significativa do crescimento tumoral após o tratamento com MeSeCys, em comparação com os controlos não tratados, tanto no crescimento do HCT-8 ($p < 0{,}0001$) como do HT-29 ($p = 0{,}003$). Assim, os efeitos antiangiogénicos do MeSeCys contribuíram para a inibição do crescimento tumoral em ambos os xenoenxertos do cólon-rectal. Em relação à angiogénese, avaliada com a densidade de microvasos (MVD), o tratamento com MeSeCys (0,2 mg/rato/dia x 14 dias) resultou numa redução de cerca de 46% e 52% na MVD em comparação com tumores de controlo não tratados em HCT-8 ($7{,}6 \pm 0{,}32$ *versus* $14{,}1 \pm 1{,}77$, $p = 0{,}04$) e HT-29 ($3{,}8 \pm 0{,}16$ *versus* $7{,}93 \pm 0{,}96$, $p = 0{,}02$), respetivamente. Este efeito foi específico do tumor, não tendo sido observada qualquer alteração significativa na MVD em tecidos normais, como o fígado. Além disso, noutro ensaio, o MeSeCys induziu a maturação vascular tumoral, através de um aumento de cerca de 48% e 17% do índice de maturação vascular nas linhas celulares HCT-8 e HT-29, respetivamente, em comparação com tumores de controlo não tratados. O tratamento com MeSeCys induziu também uma diminuição significativa ($p < 0{,}001$) do volume vascular tumoral em xenoenxertos de HCT-8 em comparação com controlos de volume correspondente.

Numa outra pesquisa, Bhattacarya e colaboradores (2011) investigaram a inter-relação entre a angiogénese e o crescimento tumoral e se o selénio poderia afetar esses processos. Utilizaram imagens de proteínas fluorescentes (FPI) e imagens de ressonância magnética (MRI) para demonstrar os efeitos do selénio na progressão tumoral e na angiogénese num modelo ortotópico de cancro do cólon humano implantado em ratinhos nus atímicos. A partir de cinco dias após a implantação, foi efectuada uma FPI de corpo inteiro para monitorizar o crescimento do tumor *in vivo*. Após a visualização bem sucedida do crescimento do tumor por FPI, os animais foram distribuídos aleatoriamente por um grupo de controlo ou por um grupo de tratamento. O tratamento consistiu na administração oral diária do composto organosselénio, SeMet (0,2 mg/dia x 5 semanas). Foi efectuada uma ressonância magnética dinâmica com contraste para examinar a alteração do volume sanguíneo do tumor após o tratamento. A imunocoloração CD31 das secções tumorais também foi realizada para quantificar a densidade de microvasos (MVD). Enquanto a RM ponderada em T1 e T2 proporcionou um contraste adequado e uma avaliação volumétrica do crescimento do tumor de carcinoma do cólon humano bem diferenciado, a imagiologia com proteína fluorescente verde permitiu uma visualização de alto rendimento da progressão do tumor *in vivo*. O tratamento com selénio resultou numa redução significativa do volume sanguíneo e da densidade de microvasos de tumores de carcinoma do cólon humano bem diferenciados. Foi também observada uma inibição significativa do crescimento tumoral nos animais tratados com selénio, em comparação com os animais de controlo não tratados. Os autores concluíram que o SeMet demonstrou uma eficácia antitumoral e anti-angiogénica neste modelo *in vivo* de cancro do cólon.

Com o objetivo de comparar o potencial do selenito dietético e do SeMet na inibição da progressão do cancro do pulmão, Yan e colaboradores (1999) utilizaram metástases pulmonares de células de melanoma murino B16BL6 infundidas em ratinhos C57BL/6. Os ratinhos foram divididos em quatro grupos de 15 cada. Foram alimentados com uma dieta basal AIN93G e com a dieta basal suplementada com 2,5 ppm ou 5 ppm de selénio como SeMet ou com 2,5 ppm de selénio como selenito durante duas semanas antes e depois da injeção intravenosa de 0,5 x 10(5) células tumorais. Na necropsia, foram determinados o número e o tamanho dos tumores que se desenvolveram nos pulmões. O número de ratos com > ou = 11 tumores foi de 13, 8, 8 e 6 ($p < 0{,}02$ em comparação com o controlo), e o número médio de tumores pulmonares foi de 64, 14, 12 ($p < 0{,}05$ em comparação com o controlo) e 8 ($p < 0{,}01$ em comparação com o controlo) no grupo de controlo e nos grupos com 2,5 ppm e 5 ppm de selénio como SeMet e 2,5 ppm de selénio como selenito. A suplementação dietética de SeMet diminuiu a área da secção transversal do tumor e o volume do tumor em comparação com os controlos. No mesmo nível dietético, o selenito teve um efeito inibidor maior no tamanho do tumor do que o SeMet. Estes resultados demonstram que a toma de um suplemento alimentar de SeMet reduziu a metástase experimental de células de melanoma em ratinhos e inibiu o crescimento de tumores metastáticos que se formaram nos pulmões. Os investigadores concluíram que o SeMet é uma forma ativa de selénio que reduz as metástases experimentais.

Do mesmo modo, Liu e colaboradores (2012) desenvolveram uma experiência para comparar o efeito de duas fontes de selénio na dosagem do nível terapêutico sobre a hepatocarcinogénese e as citocinas angiogénicas no hepatocarcinoma induzido por dietilnitrosamina (DEN) em ratos; e para abordar ainda mais o seu possível mecanismo anticancerígeno. Cento e setenta e oito ratos Sprague-Dawley (SD) (peso médio de 100-120 g) foram divididos aleatoriamente em 5 grupos (I-V). Os animais do grupo I, do grupo II e do grupo III serviram de controlo negativo, controlo de selenito de sódio e controlos positivos, respetivamente, e receberam 0,1, 3,0 e 0,1mg/kg de selénio de dietas suplementadas com selenito de sódio durante todo o período experimental. Os ratos do grupo IV e do grupo V foram alimentados com selénio proveniente de malte enriquecido com selénio e de dietas suplementadas com selenito de sódio (3 mg/kg, respetivamente). Para equilibrar o conteúdo nutricional entre cada grupo, foi adicionado malte normal, não tratado com selénio, às dietas dos grupos de desafio. Os conteúdos nutricionais, exceto o selénio da dieta de cada grupo, eram semelhantes e estavam de acordo com as normas do NRC. Os ratos dos grupos III-V foram tratados com uma solução aquosa de dietilnitrosamina (100 mg/L) na dose de 10 mg/kg de peso corporal todos os dias durante 16 semanas para induzir hepatocarcinoma, e beberam água esterilizada durante mais duas semanas. Os ratos do grupo I e do grupo II beberam água esterilizada durante toda a experiência. Às 4th, 8th, 12th, 16th semanas, cinco ratos de cada grupo foram sacrificados por decapitação cervical. No final do estudo, às 18th semanas, os ratos excedentários foram sacrificados por decapitação cervical. Os ratos foram privados de alimentação durante 12 horas antes da recolha de amostras. Foi calculado o número de nódulos de hepatoma no fígado e a mortalidade dos ratos. Foram determinados os valores dos seguintes parâmetros, incluindo a α-fetoproteína (AFP), a gama-glutamiltranspeptidase (GGT), o fator de necrose tumoral-α (TNF-a), os factores de crescimento semelhantes à insulina-II (IGF-II), o óxido nítrico (NO) e a óxido nítrico sintase total (T-NOS) no plasma. Simultaneamente, os números positivos de VEGF e de células com coloração de proteína quinase C-a (PKC-a) no tecido tumoral foram analisados por imunohistoquímica utilizando os métodos de dois passos Envision com um kit.

Os resultados indicaram que o malte enriquecido com selénio podia diminuir significativamente a mortalidade dos ratos e o número de nódulos de hepatoma, os valores de GGT e AFP, e os níveis de IGF-II, NO e NOS e diminuir o número positivo de células com coloração VEGF e PKC-a no tecido tumoral. Além disso, o malte enriquecido com selénio pode aumentar os níveis de TNF-a no período inicial da hepatocarcinogénese, enquanto que diminui os níveis de TNF-a no período progressivo da hepatocarcinogénese. O selenito de sódio só conseguiu inibir significativamente o número positivo de células com coloração PKC-a no tecido tumoral, diminuir os níveis de GGT, AFP e TNF-a em períodos de amostragem minoritários e aumentar os níveis de NO. Em conclusão, o malte enriquecido com selénio pode reduzir a mortalidade. Os autores referiram que os efeitos poderiam estar relacionados com a redução da lesão hepática, o atraso na hepatocarcinogénese e o progresso mais lento da angiogénese, aumentando assim a sobrevivência dos ratos com hepatocarcinoma induzido por DEN. O tratamento com selenito de sódio na mesma dosagem terapêutica teve um efeito menor na hepatocarcinogénese, inibindo, em certa medida, a angiogénese e as citocinas relativas.

Yoon e colaboradores (2001) avaliaram se o selenito podia inibir a invasão de células de fibrossarcoma humano HT1080 utilizando ensaios *in vitro*. Verificaram que o selenito (a partir de uma concentração de 1 μM) inibia a invasão das células de fibrossarcoma humano HT1080. A adesão das células HT1080 à matriz de colagénio foi também inibida pelo tratamento com selenito, mas a interação célula-célula e a motilidade celular não foram afectadas pelo selenito. Além disso, o selenito reduziu a expressão da metaloproteinase-2 e -9 da matriz e do ativador do plasminogénio do tipo uroquinase, que estão envolvidos na degradação da matriz, mas aumentou o inibidor tecidular da metaloproteinase-1. Concluíram que este efeito inibidor do selenito na expressão das proteases era mediado pela supressão dos factores de transcrição NF-κB e AP-1. No entanto, o selenato não mostrou um efeito notável em todas as etapas da invasão das células cancerígenas.

No que diz respeito aos tumores mamários, Jiang e colaboradores (1999) avaliaram os efeitos dos níveis quimiopreventivos de selénio na densidade de microvasos intra-tumorais e na expressão de VEGF em carcinomas mamários de ratos induzidos por 1-metil-1-nitrosoureia e na proliferação e sobrevivência e atividade da metaloproteinase da matriz de células endoteliais da veia umbilical humana (HUVECs) *in vitro*. O aumento da ingestão de selénio sob a forma de alho enriquecido com selénio, selenito de sódio ou MeSeCys levou a uma redução significativa da densidade de microvasos intra-tumorais nos carcinomas mamários, independentemente da forma como o selénio foi fornecido: exposição contínua (7 semanas de alimentação) com um protocolo de quimioprevenção ou exposição aguda em bolus (3 dias) após o estabelecimento dos carcinomas. Em comparação com os controlos não tratados, foram observados níveis significativamente mais baixos de expressão de VEGF numa proporção considerável dos carcinomas tratados com selénio. Em contraste com os carcinomas mamários, a densidade de microvasos das glândulas mamárias não envolvidas não foi alterada pelo tratamento com selénio. Em cultura celular, a exposição direta de HUVECs ao selénio induziu a morte celular predominantemente por apoptose, diminuiu as actividades gelatinolíticas da metaloproteinase-2 da matriz, ou ambas. De acordo com os autores, estes resultados indicam um potencial para os metabolitos de selénio inibirem atributos chave (proliferação, sobrevivência e degradação da matriz) das células endoteliais críticas para o desenvolvimento angiogénico.

Entre os compostos sintéticos de selénio, o disseleneto de difenilo foi capaz de inibir a angiogénese num ensaio *in vivo* com ratos (Prauchner, 2014). Noutro estudo, os efeitos pró-angiogénicos do arsenito de sódio, avaliados pelo modelo de membrana corioalantóica de pinto, foram significativamente ($p < 0,01$) bloqueados por dimetil selenona, difenil selenona, selenito de sódio ou MeSeCys (Mousa et al., 2007).

Noutra pesquisa, Li e colaboradores (2009) investigaram o efeito terapêutico do MeSeCys combinado com o tamoxifeno contra o xenoenxerto de cancro da mama MCF-7 e os mecanismos subjacentes. O xenoenxerto de cancro da mama MCF-7 foi estabelecido em ratinhos nus atímicos fêmeas ovariectomizados e tratados com tamoxifeno e/ou MeSeCys. O tamanho do tumor foi medido duas vezes por semana. Foram utilizados ensaios de imunohistoquímica e TUNEL para medir a expressão de ERalpha, genes alvo de ERalpha [expressão do recetor de progesterona (PR) e da ciclina D1], índice Ki-67, apoptose e densidade de microvasos. O tratamento combinado com tamoxifeno e MeSeCys inibiu sinergicamente o crescimento tumoral em comparação com MeSeCys isolado e tamoxifeno isolado. MeSeCys sozinho ou MeSeCys mais tamoxifeno reduziram significativamente ERalpha, PR e ciclina D1, índice Ki-67 e densidade de microvasos enquanto aumentavam a apoptose em tecidos tumorais. Os investigadores concluíram que estes resultados demonstram uma inibição sinérgica do crescimento de xenoenxertos de cancro da mama ERalpha positivo através da combinação de tamoxifeno com compostos orgânicos de selénio. Segundo eles, o selénio orgânico pode obter benefícios adicionais quando combinado com o tamoxifeno na terapia adjuvante ou na prevenção.

O ácido metilselenínico (MSA) é um composto de selénio sintetizado em laboratório e funciona como precursor do metiselenol. Num estudo realizado por Chen e colaboradores (2013), foi investigado se a suplementação de selénio na dieta modificaria o desenvolvimento do cancro da mama *in vivo*. Três dietas suplementadas com selenito de sódio, ácido metilselenínico (MSA) ou SeMet, bem como uma dieta deficiente em Se e uma dieta adequada em Se foram dadas a ratinhos antes da inoculação de células 4T1.2 na glândula mamária. Foi medido o crescimento do tumor primário, o número de células cancerosas presentes nos pulmões, corações, fígados, rins e fémures e várias citocinas pró-inflamatórias. Os investigadores verificaram que a toma de um suplemento de selenito inorgânico apenas retardava a curto prazo o crescimento do tumor, ao passo que os dois suplementos orgânicos de SeMet e MSA proporcionavam uma inibição mais potente do crescimento. Estas dietas afectaram também de forma diferente a metástase do cancro. Os ratinhos alimentados com selenito desenvolveram as metástases mais extensas e tiveram um aumento da incidência de metástases renais e ósseas. Por outro lado, os ratinhos alimentados com a dieta SeMet apresentaram a menor quantidade de crescimento de cancro em locais metastáticos. A dieta MSA também proporcionou alguma proteção contra as metástases do cancro da mama, embora os efeitos tenham sido menos significativos do que os da SeMet. Os perfis de citocinas indicaram que os níveis séricos de interlucina-2, interleucina-6, interferão-γ e VEGF estavam elevados nos ratinhos suplementados com SeMet. Não houve diferença significativa no crescimento do tumor e nos padrões de metástase entre os grupos com deficiência de Se e os grupos com Se adequado. Devido aos seus resultados, os autores concluíram que a suplementação com selénio orgânico pode reduzir/atrasar a metástase do cancro da mama, enquanto que o selenito pode exacerbá-la.

Por outro lado, outros estudos observaram que tanto a SeMet como o selenito apresentam uma atividade anticancerígena. Inclusive, foi demonstrado por ensaios *in vitro* que o SeMet era menos eficaz do que o selenito contra as células tumorais (Ip e Hayes, 1989; Ip, 1998). A este respeito, Zhao e colaboradores (2006) demonstraram que a atividade antitumoral da SeMet era aumentada pelo co-tratamento com a METase, levando à produção de metabolitos de selénio e, principalmente, de superóxido. Inclusive, foi demonstrado pelos investigadores que a maior atividade antitumoral da SeMet mais METase dependia da produção de superóxido (Zhao et al., 2006).

Jiang e colaboradores (2000) realizaram uma experiência que demonstrou o papel do metilselenol no efeito anti-angiogénico do selénio. Realizaram um estudo no qual descreveram que a exposição de HUVECs ao ácido metil-seleninico (MSA) e ao metil-selenocianato (MseCN), dois compostos de selénio que provavelmente reagem intracelularmente com o glutatião reduzido para gerar metilselenol, diminuiu a atividade gelatinolítica da MMP-2 de uma forma dependente da concentração. Em contraste, os investigadores descobriram que as espécies de selénio que entram no pool de seleneto de hidrogénio não tinham qualquer efeito inibidor. As análises de Immunoblot e de ensaios de imunoabsorção enzimática mostraram que uma diminuição do nível de MMP-2 foi responsável, em grande parte, pela redução da atividade gelatinolítica induzida pelo selénio metilado. Além disso, nas linhas celulares do cancro da próstata humano (DU145) e do cancro da mama (MCF-7 e MDA-MB-468), a exposição ao MSA, mas não ao selenito, conduziu a uma diminuição rápida e sustentada da proteína VEGF celular (lisado) e segregada (meio condicionado). A concentração de MSA necessária para suprimir a expressão de VEGF foi muito inferior à necessária para a indução de apoptose.

Numa pesquisa com seres humanos, foi demonstrado que o selénio, suplementado a 200 Lig "dia como levedura enriquecida com selénio, reduziu a mortalidade global por cancro em 41%, o cancro da próstata em 52%, o cancro do pulmão em 26% e o cancro colorrectal em 54% (Diffield et al., 2002). Além disso, Clark e colaboradores (Clark et al., 1996; 1998) demonstraram que a toma de suplementos de selénio, em pessoas que não apresentavam carências deste microelemento, reduzia os riscos de desenvolvimento de cancro. Nestes trabalhos, o consumo diário de suplementos contendo selénio (200 mg de Se/pessoa/dia, por via oral, sob a forma de levedura enriquecida com selénio) reduziu o risco de desenvolvimento de vários tipos de cancro (37% de redução) (exceto o da pele), da totalidade dos carcinomas (45% de redução), dos tumores do pulmão (46% de redução) e da totalidade do cancro (50% de redução). No entanto, a suplementação não foi eficaz na redução da prevalência basal ou da recorrência do carcinoma espinocelular, com alto risco de aparecimento na população estudada. Além disso, outros estudos relataram uma redução do cancro do fígado (Yu et al., 1997) e do desenvolvimento do cancro do esófago (Blot et al., 1993; Lin et al., 1993) após a suplementação com selénio. Mesmo um consumo mais elevado de selénio, tão elevado como 300 µg/pessoa/dia, tem sido considerado como o requisito mínimo necessário para proteger contra o cancro (Combs, 2001), mas existem riscos de toxicidade do selénio.

Em relação aos MeSeCys presentes em vegetais dos géneros *Brassica* e *Allium*, foi demonstrado que o selénio presente nos brócolos era mais eficaz do que as espécies de selénio inorgânico na proteção contra a formação de criptas aberrantes na mucosa do cólon e contra o desenvolvimento de cancro da mama, ambos induzidos por carcinogéneos químicos (Feng et al., 1999). Além disso, os brócolos enriquecidos com selénio foram capazes de proteger contra o desenvolvimento de cancro intestinal em ratinhos (Davies et al., 2002) e contra a formação de tumores da mama e do cólon induzidos quimicamente em ratos (Ip e Ganther, 1996; Finley et al., 2000). Por conseguinte, considera-se que o mono-metilselenol é o metabolito crítico para a prevenção de determinados tipos de cancro (Ip e Hayes, 1991; Ip e Ganther, 1996; Ip, 1998; Finley et al., 2000; Ip et al., 2000b). Além disso, há indicações de que o MeSeCys não afectou o crescimento de células não transformadas da glândula mamária, pelo que o seu efeito foi dirigido apenas contra as células pré-malignas (Ip et al., 2000c).

Klein e colaboradores (2011) relataram dados do Selenium and Vitamin E Cancer Prevention Trial (SELECT) sobre os efeitos da suplementação com vitamina E (400 UI/dia), ou selénio (como SeMet, numa dose de 200 µg/dia), ou combinação dos dois antioxidantes, ou placebo. Este ensaio clínico randomizado, prospetivo, incluiu um total de 35.533 homens que receberam suplementos durante 7-12 anos. Os investigadores constataram que a vitamina E sozinha aumentava o risco de cancro da próstata ($p < 0,06$), com um aumento de 17% na incidência deste tipo de neoplasia. Curiosamente, os riscos absolutos de aumento em comparação com o placebo para a vitamina E, o selénio e a combinação foram de 1,6, 0,9 e 0,4, revelando que o selénio por si só não induziu o cancro, pelo contrário, foi capaz de contrariar o efeito nocivo da ingestão de vitamina E. Não foi identificado aumento no risco de desenvolvimento de diabetes tipo 2, nem de neoplasia de pulmão, nem de colorretal e nem do total de outros cancros, nem do total de mortes e nem de eventos cardiovasculares de grau 4 relacionados a nenhum dos tratamentos avaliados na pesquisa.

Num estudo realizado por Wrobel e colaboradores (2016) foi também relatado que os efeitos anticancerígenos do selénio dependem da forma química do elemento. Nessa pesquisa foi observado que o selênio na forma de selenoproteínas extraídas de levedura enriquecida com selênio a pH 6,5 (SeGP65) apresentou atividade anticancerígena em um estudo *in vivo* com camundongos machos C57BL/6. Os animais foram infundidos por via intravenosa com células de carcinoma do pulmão D122 Lewis para desenvolver um tumor cerebral. Os ratinhos foram alimentados com uma dieta contendo o extrato de selenoproteínas (SeGP65, 0,2-0,3 mg Se/kg), ou com uma dieta de controlo formulada com glicoproteínas extraídas de levedura a pH 6,5 (GP65, contendo 0,2-0,3 mg de Se/kg) ou com uma dieta de controlo formulada com selénio inorgânico (0,2-0,3 mg/kg) durante 12 semanas. O nível basal de selénio dos animais era de cerca de 400 μg/l, no entanto, às 12 semanas de suplementação, aumentou para 580-730 μg/l no grupo alimentado com extrato de SeGP65. Os investigadores descreveram que os animais suplementados com selénio sob a forma de selenoproteínas apresentaram uma redução de 30% no tamanho dos tumores 48 horas após a infusão de células tumorais e uma diminuição de 50% no tamanho dos nódulos metastáticos 3 semanas após a indução dos tumores. O menor potencial metastático foi atribuído à redução significativa da expressão da molécula de adesão celular vascular - 1 (VCAM-1) nos microvasos cerebrais causada pelo suplemento contendo selenoproteínas. Esta molécula está envolvida na adesão das células tumorais ao endotélio e facilita a metástase. Além disso, a infusão de células tumorais aumentou significativamente (em ~50%-100%) a expressão de NF-KB p65 (Lys-310 acetilada) nos microvasos cerebrais com todos os tratamentos dietéticos, exceto com SeGP65. De facto, os ratinhos alimentados com uma dieta enriquecida com SeGP65 e infundidos com células tumorais apresentaram uma redução significativa (~60%) da expressão de NF-KB p65 acetilado nos microvasos cerebrais em comparação com o grupo de controlo do tumor e de cerca de 40% em comparação com o controlo tratado com veículo. O fator NF-KB é um regulador chave da resposta inflamatória, imune e anti-apoptótica em células de mamíferos, sendo que a acetilação da sua subunidade p65 potencia a ligação do NF-KB ao DNA e a atividade transcricional (Wrobel et al., 2016).

No entanto, num ensaio de controlo aleatório resumido por Dennert e colaboradores (2016), não foi encontrada eficácia protetora da suplementação com levedura de selénio contra o cancro de pele não melanoma ou da suplementação com L-SeMet contra o cancro da próstata. Para além disso,

Suadicani e colaboradores (2012) relataram que um nível elevado de selénio no soro (1,3-3,3 μmol/l) medido em homens dinamarqueses fumadores pesados estava associado ao maior risco de desenvolver cancro do pulmão em comparação com concentrações baixas (0,4-1,0 μmol/l) e moderadas (1,1-1,2 μmol/l). Os níveis séricos de selénio foram negativamente correlacionados com a ingestão de cerveja e bebidas espirituosas (medidos como unidades por semana), mas positivamente associados a bebidas de vinho. Os casos de cancro do pulmão apresentavam um consumo total de álcool ligeiramente superior na linha de base e um consumo ligeiramente superior de bebidas espirituosas (Suadicani et al., 2012). No entanto, no estudo não foram identificadas espécies de selénio no soro, o que reforça o conceito de que deve ser tida em conta a especiação do selénio para avaliar os seus efeitos biológicos.

Em conjunto, os dados aqui apresentados indicam que uma série de actividades biológicas do selénio desempenhadas no corpo humano podem ser alcançadas através do consumo de muitos tipos de alimentos. No entanto, é necessário advertir que o amplo espetro de actividades depende do conteúdo e da especiação do selénio nos alimentos. Além disso, devido às caraterísticas do solo, em muitos locais do mundo os alimentos são naturalmente pobres em selénio, sendo necessário aplicar estratégias para melhorar o nível deste micronutriente na dieta humana.

Finalmente, a biofortificação é uma técnica agrícola muito bem executada na Finlândia e, talvez, um exemplo de como lidar inteligentemente com o selénio no ecossistema. No entanto, a biofortificação pode ser apenas teórica para uma grande parte do mundo. O selénio é produzido como subproduto da exploração mineira do cobre, uma vez que não existe no mundo nenhuma fonte primária de selénio nas rochas. Assim, a produção global de selénio está estimada em 2 300 toneladas por ano (Haug et al., 2007). Desse montante, apenas 5% é utilizado na formulação de fertilizantes, rações animais, preparações veterinárias e como suplementos alimentares para humanos (STDA, 2006). Considerando uma situação hipotética de necessidade de fertilizar um terço dos solos aráveis (20 g Se/ha), um terço das pastagens (20 g Se/ha), suplementação direta de um terço de todos os animais de criação (0,1 mg/kg de alimento), seriam necessárias 1.000, 2.000 e 550 toneladas de selénio por ano, respetivamente (Haug et al., 2007). Esta quantidade total, ou seja, 3.550 toneladas, seria ~54% superior à produção total de selénio atual no mundo. Além disso, se fossem adicionados pelo menos 10 mg de Se/kg a todos os fertilizantes, tendo em conta a quantidade total produzida anualmente em todo o mundo, seriam necessárias mais 1.500 toneladas de selénio por ano. Por conseguinte, a ser verdade, a deficiência de selénio é uma preocupação séria a nível mundial.

CONCLUSÕES

O selénio é um oligoelemento essencial necessário para permitir o bom crescimento e a saúde dos animais e dos seres humanos. É possível que uma parte significativa da população mundial apresente um baixo nível de selénio, o que é desfavorável para a sua saúde.

No caso específico do Brasil, por enquanto, faltam dados sobre as concentrações de selênio nos solos brasileiros, grãos e forragens produzidos em todo o país. Essa tarefa exigiria muita pesquisa e, claro, um alto valor de apoio financeiro para que se pudesse desenhar um mapa mostrando a distribuição do selênio nos solos. Seria necessário também correlacionar os teores de selênio no solo com o índice pluviométrico anual da região e com caraterísticas do solo, tais como formação geológica, tipo de solo, pH do solo, carga de sulfato/fosfato, teor de óxidos/hidróxidos de ferro/alumínio, porcentagem de argila, teor de matéria orgânica e atividade microbiana (poder redutor), para definir a fração do selênio extraível.

No que diz respeito à saúde humana, para as pessoas que vivem em geoecossistemas com falta de selénio, pensa-se que a suplementação através da dieta é a forma mais segura de elevar o nível de selénio da população humana do que o consumo de comprimidos farmacêuticos. A este respeito, vários tipos de alimentos são naturalmente enriquecidos com selénio, enquanto muitos outros podem ser trabalhados através de técnicas de biofortificação para os tornar ricos neste micronutriente.

No entanto, devido à relativa escassez de selénio na crosta terrestre e à escassa produção de selénio pela atividade mineira, as técnicas de biofortificação só podem ser aplicadas em algumas regiões. Considera-se, portanto, que a biofortificação em larga escala não é sustentável. Assim, seria necessário fazer um rastreio para determinar que países/lugares seriam mais deficientes em selénio e que população seria mais suscetível a problemas de saúde associados a um baixo nível de selénio. Nestas regiões, a biofortificação seria, portanto, mais urgentemente necessária.

Entre os alimentos de origem vegetal, normalmente, os cereais acumulam selénio predominantemente como SeMet, enquanto que os membros dos géneros *Brassica* e *Allium* (plantas acumuladoras de selénio) concentram níveis mais elevados de espécies metiladas e selénio sob a forma de aminoácidos não proteicos. As plantas não acumuladoras de selénio contêm principalmente selénio sob a forma de selenato e selenito nos seus tecidos. A especiação do selénio nos produtos de origem animal depende do perfil dos compostos de selénio presentes na dieta. De um modo geral, a carne de suínos, cordeiros e bovinos de carne, bem como os produtos lácteos, como o leite de ovelhas e vacas, e os ovos de galinhas alimentadas com levedura enriquecida com selénio, acumulam níveis elevados de SeMet.

Alimentos básicos como o trigo e o arroz são dois cereais importantes que podem ser introduzidos em programas de biofortificação com o objetivo de aumentar os níveis de selénio nos grãos. No entanto, numa vasta região da África Subsaariana, o milho é o alimento básico. Na América do Sul, a castanha do Brasil representa um importante alimento natural enriquecido com selénio devido ao seu alto teor de proteínas sulfuradas, que sofrem substituição de Met por SeMet.

No que diz respeito ao metabolismo hepático e às funções biológicas, os compostos de selénio que geram H2Se mais rapidamente são mais capazes de induzir a expressão de selenoenzimas, como os sais inorgânicos de selénio, selenito de sódio e selenato de sódio. Entre os compostos orgânicos, os selenoaminoácidos SeCys e SeMet dos alimentos precisam de ser metabolizados primeiro em H2Se e depois *de novo* em SeCys, e só depois podem ser incorporados na síntese proteica através da construção do local ativo das selenoenzimas. Geralmente, o SeMet é inserido aleatoriamente nas proteínas por substituição da metionina, sendo acumulado principalmente nos músculos esqueléticos. Aparentemente, não existe uma incorporação direta de SeCys da dieta para as selenoenzimas. Alguns vegetais, como os pertencentes aos géneros *Brassica* e *Allium*, são naturalmente mais ricos em selénio. Inclusive, contêm os compostos selénicos MeSeCys e γ-glutamil-metilselenocisteína. O MeSeCys é facilmente convertido em metilselenol, um composto seleno reconhecido por prevenir o cancro. Em caso de sobrecarga moderada de selénio, o fígado metaboliza o excedente do microelemento em metabolitos que são excretados pela urina e pelo hálito. Ao mesmo tempo, é produzido metilselenol endogenamente. Assim, postula-se que a manutenção de um nível mais elevado de selénio protegerá contra o cancro. No entanto, uma forte sobrecarga do micronutriente pode causar stress oxidativo no fígado.

Outros papéis que se acredita serem exercidos pelo selénio no corpo humano incluem a desintoxicação do envenenamento por metais pesados e a prevenção de doenças cardiovasculares. A capacidade quelante do selénio depende principalmente dos sais inorgânicos. A capacidade antioxidante é resultante das espécies que geram mais rapidamente seleneto de hidrogénio, fonte primária para a síntese de selenoenzimas, que se pensa serem também espécies inorgânicas.

Em conclusão, não se deve fazer alusão exagerada a nenhum alimento, pois a variedade é essencial. Provavelmente a dieta variada, constituída por carnes vermelhas, leites, ovos, peixes, frutos do mar, legumes e pães seria mais recomendada, pois fornecerá o selénio em diferentes espécies químicas, que serão capazes de desempenhar as mais variadas funções biológicas do micronutriente no organismo humano. Assim, os alimentos que contêm selénio podem atuar como nutracêuticos na nossa dieta.

REFERÊNCIAS

Adams, M.L.; Lombi, E.; Zhao, F.J.; McGrath, S.P. Evidence of low selenium concentrations in UK bread-making wheat grain. **J. Sci. Food Agr.** v. 82, p. 1160-1165, 2002.

Adhikari, P. *Biofortificação de selénio em brócolos* (*Brassica oleracea* L. var. *italica*) *e cebola* (*Allium cepa* L.). Tese de doutoramento, Universidade Norueguesa de Ciências da Vida: As, junho de **2012**.

Ago, T.; Sadoshima, J. Thioredoxin and ventricular remodeling. **J. Mol. Cell Cardiol.** v. 41(5), p. 762-773, 2006.

Akesson, B.; Bellew, T.; Burk, R.F. Purificação da selenoproteína P do plasma humano. **Biochim. Biophys. Ata** v. 1204, p. 243-249, 1994.

Alabi, N.S.; Whanger, P.D. Influence of dietary selenium on metabolism of cadmium and mercury in reproductive tissue of rats. **Anim. Reprod. Sci.** v. 13(2), p. 143-155, 1987.

Alexander, A.R.; Whanger, P.D.; Miller, L.T. Bioavailability to rats of selenium in various tuna and wheat products. **J.Nutr.** p. 196-204, 1983.

Amouroux, D.; Liss, P.S.; Tessier, E.; Hamren-Larsson, M.; Donard, O.F.X. Role of oceans as biogenic sources of selenium. **Earth Planet Sci. Lett.** v. 189, p. 277-283, 2001.

Arnaud, J.; Akbaraly, N.T.; Hininger, I.; Roussel, A-M.; Berr, C. Factores associados ao declínio longitudinal do selénio plasmático nos idosos: The EVA Study. **J. Nutr. Biochem.** v. 18, p. 482-487, 2007.

Banuelos, G.S. Irrigação de brócolos e canola com efluentes carregados de boro e selénio. **J. Environ. Qual.** v. 31, p. 1802-1808, 2002.

Banuelos, G.S.; Ajwa, H.A.; Wu, L.; et al. Redução do crescimento induzida pelo selénio em raças de brássicas consideradas para fitoremediação. **Ecotoxicol. Environ. Saf.** v. 36, p. 282-287, 1997.

Bargellini, A.; Marchesi, I.; Rizzi, L.; Cauteruccio, L.; Masironi, R.; Simioli, M.; Borella, P. Interações do selénio com elementos essenciais e tóxicos na gema de ovo de ovos comerciais e fortificados. **J. Trace Elem. Med. Biol.** v. 22, p. 234-241, 2008.

Berry, M.J.; Bannu, L.; Harney, J.W.; Larsen, P.R. Functional characterization of the eukaryotic SECIS element which directs selenocysteine insertion at UGA codon. **EMBO Journal** v. 12, p. 3315-3322, 1993.

Beytut, E.; Karatas, F.; Beytut, E. Cordeiros com doença do músculo branco e teor de selénio do solo e do feno dos prados na região de Kars. **Turkey Vet. J.** v. 263, p. 214-217, 2002.

Bhattacharya, A.; Toth, K.; Sen, A.; et al. A inibição do crescimento do cancro do cólon pela quimiomodulação angiogénica induzida pela metilselenocisteína é influenciada por caraterísticas histológicas do tumor. **Clin. Colorectal Cancer** v. 8(3), p. 155, 2009. doi:10.3816/CCC.2009.n.025. Availablefrom : https://www.ncbi.nlm.nih.gov/pmc/articles/PMC2823082/pdf/nihms-174044.pdf [Acedido em 24th dezembro de 2017].

Bhattacharya, A.; Turowski, S.G.; San Martin, I.D.; et al. Ressonância magnética e imagem de proteína fluorescente da eficácia anti-angiogénica e anti-tumoral do selénio num modelo ortotópico de cancro do cólon humano. **Anticancer Res.** v. 31(2), p. 387-393, 2011.

Bierla, K.; Dernovics, M.; Vaccina, V.; Szpunar, J.; Bertin, G.; Lobinski, R. Determinação de selenocisteína e selenometionina em tecidos animais comestíveis por HPLC-ICP MS de fase reversa com exclusão de tamanho 2D após carbamidometilação e extração proteolítica. **Anal. Bioanal. Chem**. v. 390, p. 1789-98, 2008.

Bieri, J.; Ahmad, K. Selenium content of Bangladeshi rice by chemical and biological assay. **J. Agr. Food Chem**. v. 24, p. 1073-1074, 1976.

Biswas, S.; Talukder, G.; Sharma, A. Prevention of cytotoxic effects of arsenic by shortterm dietary supplementation with selenium in mice *in vivo*. **Mutation Research** v. 441, p. 155-160, 1999.

Blankenberg, S.; Rupprecht, H.J.; Bickel, C.; Torzewski, M.; Hafner, G.; Tiret, L.; Smieja, M.; Cambien, F.; Meyer, J.; Lackner, K.J. (*AtheroGene* Investigators) Glutathione peroxidase 1 activity and cardiovascular events in patients with coronary artery disease. **N. Engl. J. Med.** v. 349(17), p. 1605-1613, 2003.

Blot, W.J.; Li, J.Y.; Taylor, P.R.; Guo, W.; Dawsey, S.; Wang, G.Q.; Yang, C.S.; Zheng, S.F.; Gail, M.; Li, G.Y.; Liu, B.Q.; Tangrea, J.; Sun, Y.H.; Liu, F.; Fraumeni, F.Jr.; Zhang, Y.H.Li, B. Nutrition intervention trials in Liuxian, China: supplementation with specific vitamin/mineral combinations, cancer incidence, and disease-specific mortality in the general population. **J. Natl. Cancer Inst.** v. 85, p. 1483-1490, 1993.

Boila, R.J.; Stothers, S.C.; Campbell, L.D. The concentration of selenium in the grain from wheat, barley and oats grown at selected locations throughout Manitoba. **Can. J. Anim. Sci.** p. 217-221,

1993.

Broadley, M.R.; Philip, J.; White, P.J.; Bryson, R.J.; Meacham, M.C.; Bowen, H.C.; et al. Biofortificação de culturas alimentares do Reino Unido com selénio. **Proceedings of the Nutrition Society** v. 65, p. 169-181, 2006.

Brooks, J.D.; Metter, E.J.; Chan, D.W.; Sokoll, L.J.; Landis, P.; Nelson, W.G.; Muller, D.; Andres, R.; Carter, H. Plasma selenium level before diagnosis and the risk of prostate cancer development. **J. Urol.** p. 2034-2038, 2001.

Brown, K.M.; Arthur, J.R. Selénio, selenoproteínas e saúde humana: uma revisão. **Public Health Nutr.** p. 593-599, 2001.

Burk, R.F.; Norsworthy, B.K.; Hill, K.E.; Motley, A.K.; Byrne, D.W. Effects of chemical form of selenium on plasma biomarkers in a high-dose human supplementation trial. Cancer Epidemiol. **Biomarkers Prev**. p. 804-810, 2006.

Cabanero, A.I.; Madrid, Y.; Camara, C. Bioacessibilidade do selénio e do mercúrio em amostras de peixe: um método de digestão *in vitro*. **Anal. Chim. Ata** v. 526, p. 51-61, 2004.

Cabrera, M.C.; Ramos, A.; Saadoun, A.; Brito, G. Teor de selênio, cobre, zinco, ferro e manganês em sete cortes cárneos de novilhos Hereford e Bradford alimentados a pasto no Uruguai. **Meat Sci.** v. 84, p. 518-528, 2010.

Cai, X.; Wang, C.; Yu, W.; Fan, W.; Wang, S.; Shen, N.; Wu, P.; Li, X; Wang, F. Exposição ao selénio e risco de cancro: uma meta-análise e meta-regressão actualizadas. Scientific Reports, 2016, DOI: 10.1038/srep19213. Disponível em: https://www.ncbi.nlm.nih.gov/pubmed/26786590 [Acedido em 22th dezembro 2017].

Cappon, C.J.; Smith, J.C. Chemical form and distribution of mercury and selenium in edible seafood. **J. Anal. Toxicol.** v. p. 10-21, 1982.

Chang, J.C.; Gutenmann, W.H.; Reid, C.M.; Lisk, D.J. Teor de selénio em castanhas do Brasil de duas localizações geográficas no Brasil. **Chemosphere** v. 30, p. 801-802, 1995.

Chakraborty, I.; Sharma, A.; Talukder, G. Antagonistic and synergistic effects of lead and selenium in *Rattus norvegicus*. **Toxicol. Lett.** v. 37, p. 21-26, 1987.

Chansler, M.W.; Mutanen, M.; Morris, V.C.; Levander, O.A. Nutritional bioavailability to rats of selenium in Brazil nuts and mushrooms. **Nutr. Res.** v. 6, p. 1419-1428, 1986.

Chen, Y-W.; Belzile, N.; Gunn, J.M. Antagonistic effect of selenium on mercury assimilation by fish populations near Sudbury metal smelters? **Limmol. Oceanogr.** v. 46, p. 1814-1818, 2001.

Chen, Y.C.; Prabhu, K.S.; Das, A.; Mastro, A.M. Dietary selenium supplementation modifies breast tumor growth and metastasis. **Int. J. Cancer** v. 133(9), p. 2054-2064, 2013.

Chen, L.; Yang, F.; Xu, J.; Hu, Y.; Hu, Q.; Zhang, Y.; Pan, G. Determinação da concentração de selénio do arroz na China e efeito da fertilização de selenito e selenato no teor de selénio do arroz. **J. Agr. Food Chem.** v. 50, p. 5128-5130, 2002.

Clark, L.C.; Combs, G.F.Jr.; Turnbull, B.W.; Slate, E.; Alberts, D.; Allison, R.; Bradshaw, J.; Chalker, D.; Chow, J.; Curtis, D.; Dalen, J.; Davis, L.; Deal, R.; Dellasega, M.; et al. The nutrition prevention of cancer with selenium 1983-1993: a randomized clinical trial. **JAMA** v. 276, p. 1957-1963, 1996.

Clark, L.C.; Dalkin, B.; Krongrad, A.; Combs, G.F.Jr.; Turnbull, B.W.; Slate, E.H.; Witherington, R.; Herlong, J.H.; Janosko, E.; Carpenter, D.; Borosso, C.; Falk, S.; Rounder, J. Diminuição da incidência de cancro da próstata com a suplementação de selénio: Results of a double-blind cancer prevention trial. **Brit. J. Urol.** v. 81, p. 30-734, 1998.

Clausen, J.; Nielsen, S.A. Comparação dos valores de selénio no sangue total e das actividades da glutationa peroxidase nos eritrócitos de indivíduos normais que tomam suplementos de selenato, selenito, L-selenometionina e levedura com elevado teor de selénio. **Biol. Trace Elem. Res.** v. 15, p. 125-138, 1988.

Combs, G.F.Jr. Selénio nos sistemas alimentares globais. **Brit. J. Nutr.** v. 85, p. 517-547, 2001.

Combs, G.F.Jr.; Combs, S.B. Selénio no ambiente. In: *O papel do selénio na nutrição*. Combs, G.F.Jr., Ed.; Academic Press: Orlando, **1986**; pp. 15-40.

Comité das Dosagens Dietéticas. Food and nutrition broad. Conselho Nacional de Investigação. In: *Recommended dietary allowances*, 10th ed; Committee on Dietary Allowances; National Academy Press: Washington, **1989**, pp. 217-223.

Conrad, M.; Jakupoglu, C.; Moreno, S.G.; Lippl, S.; Banjac, A.; Schneider, M.; et al. Essential role for mitochondrial thioredoxin reductase in hematopoiesis, heart development, and heart function. **Mol. Cell Biol.** v. 24, p. 9414-9423, 2004.

Cooke, T.D.; Bruland, K.W. Aquatic chemistry of selenium: evidence of biomethylation. **Environ. Sci. Technol.** v. 21, p. 1214-1219, 1987.

Courtman, C.; van Ryssen, J.B.J.; Oelofse, A. Selenium concentration of maize grain in South Africa and possible factors influencing the concentration. **South Africa Journal of Animal Science** v. 42, p. 454-458, 2012. doi.org/10.4314/sajas.v42i5.2.

Cox, A.J.; Lehtinen, A.B.; Xu, J.; Langefeld, C.D.; Freedman, B.I.; Carr, J.J.; Bowden, D.W. Polimorfismo no gene da selenoproteína S e doença cardiovascular subclínica no Diabetes Heart Disease. **Ata Diabetol.** v. 50(3), p. 391-399, 2013.

Crews, H.M.; Clarke, P.A.; Lewis, D.L.; Owen, L.M.; Strutt, P.R.; Izquierdo, A. Investigação da especiação de selénio em extractos gastrointestinais *in vitro* de bacalhau cozinhado por cromatografia líquida de alta eficiência - espetrometria de massa com plasma indutivamente acoplado e espetrometria de massa com electrospray. **J. Anal. at Spectrom.** v. 11, p. 1177-1182, 1996.

Cuderman, P.; Kreft, I.; Germ, M.; Kovacevic, M.; Stibilj, V. Selenium species in selenium-enriched and drought-exposed potatoes. **J. Agric. Food Chem.** p. 9114-9120, 2008.

Cui, Z.; Liu, D.; Liu, C.; Liu, G. Serum selenium levels and prostate cancer risk (Níveis séricos de selénio e risco de cancro da próstata).
Medicine v. 96, p. 1-6, 2017.

Daun, C.; Akesson, B. Comparação da atividade da glutationa peroxidase e do teor de selénio total e solúvel em dois músculos de frango, peru, pato, avestruz e cordeiro. **Food Chem.** v. 85, p. 295-303, 2004.

Davis, C.D.; Zeng, H.; Finley, Y. O brócolis enriquecido com selênio diminui a tumorogênese intestinal na neoplasia intestinal múltipla em camundongos. **J. Nutr.** v. 132, p. 307-309, 2002.

de Bem, A.F.; Farina, M.; Portella, R.L.; Nogueira, C.W.; Dinis, T.C.P.; Laranjinha, J.A.N.; Almeida, L.M.; Rocha, J.B.T. Diphenyl diselenide, um mimético simples da glutationa peroxidase, *inibe* a oxidação da LDL humana *in vitro.* **Atherosclerosis** v. 201, p. 92-100, 2008.

Dennert, G.; Zwahlen, M.; Brinkman, M.; Vinceti, M.; Zeegers, M.P.A.; Horneber, M. Selenium for preventing cancer. Cochrane Database Syst Rev. 201. Disponível em: http://www.cochranejournalclub.com/selenium-preventing-cancer- clinical/pdf/CD005195 .pdf [Acedido em 12th julho 2016].

Dietz, R.; Johansen, P.; Riget, F.; Asmund, G. Data on heavy metals from Greenland before 1994: contaminants in the Greenland marine environment. In: *AMAP Greenland 1994-1996*. Dietz, R., Johansen, P., Riget, F., Asmund, G., Eds.;. Environmental Project No. 356; Ministério do Ambiente e da Energia, Agência Dinamarquesa de Proteção do Ambiente: Copenhaga, **1997**, pp. 247 -350.

Diffield, A.J.; Reid, M.F.; Turnbull, B.W.; et al. Caracterização de base do efeito da suplementação de selénio na incidência de cancro num ensaio clínico aleatório: um relatório sumário do ensaio de prevenção nutricional do cancro. Cancer epidemiol. **Biomarkers Prev.** v. 11, p. 630-639, 2002.

Dnz Huerta, V.; Fernandez Sanchez, M.L.; Sanz-Medel, A. Quantitative selenium speciation in cod muscle by isotope dilution ICP-MS with a reaction cell: comparison of different reported extraction procedures. **J. Anal. at Spectrom.** v. 19, p. 644-648, 2004.

Dorea, J.G.; Moreira, M.B.; East, G.; Barbosa, A.C. Concentrações de selénio e mercúrio em algumas espécies de peixes da bacia amazónica do rio Madeira, Brasil. **Biol. Trace Elem. Res.** v. 65, p. 211-220, 1998.

Douglass, J.S.; Morris, V.C.; Soares, J.H.; Levander, A.O. Nutritional availability to rats of selenium in tuna, beef kidney, and wheat. **J. Nutr.** v. 111, p. 2180-2187, 1981.

Ducros, V.; Favier, A. Metaboliseme du selenium. **EMC - Endocrinologie** v. 1, p. 1928, 2004.

Duffield, A.J.; Thomson C.D.; Hill K.E.; Williams S. An estimation of selenium requirements for New Zealanders. **Am. J. Clin. Nutr.** v. 70, p. 896-903, 1999.

Fairweather-Tait, S.J.; Collings, R.; Hurst, R. Selenium bioavailability: current knowledge and future research requirements. **Am. J. Clin. Nutr.** v. 91, p. 1484S-1491S, 2010.

Fang, S.C. Interação de selénio e mercúrio no rato. **Chem. Biol. Interact.** v. 17, p. 25-40, 1977.

Fang, Y.; Zhang, Y.; Catron, B.; Chan, Q.; Hu, Q.; Caruso, J. Identificação de compostos de selénio utilizando HPLC-ICPMS e nano-ESI-MS em arroz enriquecido com selénio através de aplicação foliar. **J. Anal. Atomic Spectrom.** v. 24, p. 1657-1664, 2009.

Feng, Y.; Finley, J.; Davis, C.; Becker, W.K.; Fretland, A.J.; Hein, D.W. O selénio dietético reduz a formação de criptas aberrantes em ratos aos quais foi administrado 3,2-dimetil-4- aminobifenilo. **Toxicol. Appl. Pharmacol.** v. 157, p. 36-42, 1999.

Finley, J.W. The absorption and tissue distribution of selenium of high-selenium broccoli are different from selenium from sodium selenite, sodium selenate, and selenomethionine as determined in selenium deficient rats. **J. Agric. Food Chem.** v. 46, p. 3702-3707, 1998.

Finley, J.W.; Davis, C.D.; Feng, Y. Selenium from high broccoli protects rats from colon cancer. **J. Nutr.** v. 130, p. 2384-2389, 2000.

Finley, J.W.; Ip, C.; Lisk, D.J.; Davis, C.D.; Hintze, K.J.; Whanger, P.D. Cancer- protective properties of high-selenium broccoli. **J. Agric. Food Chem.** v. 49, p. 26792683, 2001.

Flohe, L.; Gunzler, W.A.; Schock, H.H. Glutationa peroxidase: uma enzima de selénio. **FEBS Lett.** v. 32, p. 132-134, 1973.

Flores-Mateo, G.; Navas-Acien, A.; Pastor-Barriuso, R.; Guallar, E. Selenium and coronary heart disease: a meta-analysis. **Am. J. Clin. Nutr.** v. 84(4), p. 762-773, 2006.

Organização das Nações Unidas para a Alimentação e a Agricultura (FAO); Organização Mundial de Saúde (OMS). *Human vitamin and mineral requirements. Report of a Joint FAO/WHO Expert Consultation*, Bangkok (Tailândia), Food and Nutrition Division, Roma (Itália), FAO, **2001**.

Fordyce, F. Deficiência de selénio e toxicidade no ambiente. In: *Essentials of medical geology*. Selinus, O., Alloway, B., Centeno, J., Finkelman, R., Fuge, R., Lindh, U., Smedley, P., Eds.; Elsevier: Londres, **2005**; pp. 373-415.

Fordyce, F. Geoquímica do selénio e saúde. **Ambio** v. 36, p. 94-97, 2007.

Fordyce, F.M.; Brereton, N.; Hughes, J.; Luo, W.; Lewis, J. Um estudo inicial para avaliar a utilização de materiais de origem geológica para prever a concentração de Se em solos sobrejacentes e em cinco géneros alimentícios básicos produzidos nos mesmos na Escócia. **Sci. Total Environ.** v. 22, p. 5295-5305, 2010.

Forgione, M.A.; Cap, A.; Liao, R.; Moldovan, N.I.; Eberhardt, R.T.; Lim, C.C.; Jones, J.; Goldschmidt-Clermont, P.J.; Loscalzo, J. Deficiência heterozigótica de glutationa peroxidase celular no rato: anormalidades na função e estrutura vascular e cardíaca. **Circulation** v. 106, p. 1154-1158, 2002.

Fox, T.E.; van der Heuvel, E.G.; Atherton, C.A.; Dainty, J.R.; Lewis, D.J.; Langford, N.J.; et al. Biodisponibilidade do selénio proveniente do peixe, da levedura e do selenato: A comparative study in human using stable isotopes. **Eur. J. Clin. Nutr.** v. 58, p. 343-349, 2004.

Gabrielsen, B.O.; Opstvedt, J. Disponibilidade de selénio na farinha de peixe em comparação com a farinha de soja, farinha de glúten de milho e selenometionina em relação ao selénio no selenito de sódio para restaurar a atividade da glutationa peroxidase em pintos com carência de selénio. **J. Nutr.** v. 110, p. 1096-1100, 1980.

Gailer, J.G.; George, G.N.; Pickering, I.J.; Prince, R.C.; Ringuald, S.C.; Pemberton, J.E.; Glass, R.S.; Younis, H.S.; de Yong, W.; Aposhiam, H.V. Uma ligação metabólica entre o arsenito e o selenito:

um ião seleno-bis(S-glutationil)-arsénio. **J. Am. Chem. Soc.** v. 122, p. 4637-4639, 2000.

Ganther, H.E. Enzymatic synthesis of dimethyl selenide from sodium selenite in mouse liver extracts. **Biochemistry** v. 5, p. 1089-1098, 1966.

Ganther, H.E. Selenotrisulfetos. Formação pela reação de tióis com ácido selenioso. **Biochemistry** v. 7, p. 2898-2905, 1968.

Ganther, H.E. Selenium metabolism, selenoproteins and mechanism of cancer prevention: complexities with thioredoxin reductase. **Carcinogenesis** v. 20, p. 16571666, 1999.

Gierus, M. Fontes organicas e inorganicas de selenio na nutriçao de vacas leiteiras: digestao, absorçao, metabolismo e exigencias. **Ciencia Rural** v. 37, p. 1212-1220, 2007.

Gissel-Nielsen, G. Selenium concentration in Danish forage crops (Concentração de selénio nas culturas forrageiras dinamarquesas). **Ata Agr. Skand.** v. 25, p. 216-220, 1975.

Gissel-Nielsen, G.; Gupta, U.C.; Lamand, M.; Westermarck, T. Selénio em solos e plantas e a sua importância na nutrição animal e humana. **Adv. Agron.** v. 37, p. 397460, 1984.

Gonzalez, S.; Huerta, J.M.; Alvarez-Uria, J.; Fernandez, S.; Patterson, A.M.; Lasheras, C. O selénio sérico está associado às concentrações plasmáticas de homocisteína em humanos idosos. **Human Nutrition and Metabolism** v. 134, p. 1736-1740, 2004.

Gross, M.; Oertel, M.; Kohrle, J. Expressão diferencial dependente de selénio tipo I 5'deiodinase e glutationa peroxidase na linha de células renais epiteliais porcinas LLC- PK1. **Biochem. J.** v. 306, p. 851-856, 1995.

Guha Mazumder, D.N.; Ghosal, U.C.; Saha, J.; et al. Ensaio aleatório controlado por placebo do ácido 2,3-dimercaptosuccínico na terapia da arsenicose crónica devida à ingestão de água do subsolo contaminada com arsénico. **Clin. Toxicol.** v. 36, p. 683-90, 1998.

Guo, X.; Wu, L. Distribuição de seleno-aminoácidos livres no tecido vegetal de *Melilotus indiaca* L cultivado em solos carregados de selénio. **Ecotox. Environ. Safe** v. 39, p. 207-214, 1998.

Hart, D.J.; Fairweather, S.J.; Bradley, M.R.; Dickinson, S.J.; Foot, I.; Knott, P.; McGrath, S.P.; Mowat H.; Norman, K.; Scott, P.R.; Stroud, J.L.; Tucker, M.; White, P.J.; Zhao, F.J.; Hurst, R. Selenium concentration and speciation in biofortified flour and bread: retention of selenium during grain biofortificatioin, processing and production of Se-enriched food. **Food Chem.** v. 126, p. 1771-1778, 2011.

Hartikainen, H. Biogeoquímica do selénio e seu impacto na qualidade da cadeia alimentar e na saúde humana. **J. Trace Elem. Med. Biol.** v. 18, p. 309-318, 2005.

Haug, A.; Graham, R.D.; Christophersen, O.A.; Lyons, G.H. How to use the world's scarce selenium resources efficiently to increase the selenium concentration in food. **Microbial Ecology in Health and Disease** v. 19, p. 209-228, 2007.

Hawkesford, M.J.; Zhao, F-J. Estratégias para aumentar o teor de selénio no trigo. **J. Cereal Sci.** v. 46, p. 282-292, 2007.

Helmersson, J.; Arnlov, J.; Vessby, B.; Larsson, A.; Alfthan, G.; Basu, S. Serum selenium predicts levels of F2-isoprostanes and prostaglandin F2-alpha in a 27 year follow-up study of Swedish men. **Free Radic. Res.** v. 39(7), p. 763-70, 2005.

Hill, K.E.; Xia, Y.; Akesson, B.; Boelin, M.E.; Burk, R.F. Selenoprotein P concentration in plasma is an index of selenium status in selenium-deficient and selenium- supplemented Chinese subjects. **J. Nutr.** v. 126, p. 138-145, 1996.

Hoffmann, F.W.; Hashimoto, A.S.; Lee, B.C.; Rose, A.H.; Shohet, R.V.; Hoffmann, P.R. Specific antioxidant selenoproteins are induced in the heart during hypertrophy. **Arch. Biochem. Biophys.** v. 512(1), p. 38-44, 2011.

Hollander, J.M.; Lin, K.M.; Scott, B.T.; Dillmann, W.H. Overexpression of PHGPx and HSP60/10 protects against ischemia/reoxygenation injury. **Free Radic. Biol. Med.** v. 35(7), p. 742-751, 2003.

Hu, Q.; Chen, L.; Xu, J.; Zhang, Y.; Pan, G. Determinação da concentração de selénio no arroz e o efeito da aplicação foliar de fertilizante enriquecido com Se ou selenito de sódio no teor de selénio do arroz. **J. Sci. Food Agric.** v. 82(8), p. 869-872, 2002.

Huang, C.; Ding, G.; Gu, C.; Zhou, J.; Kuang, M.; Ji, Y.; He, Y.; Kondo, T.; Fan, J. A diminuição da proteína de ligação ao selénio 1 aumenta a atividade da glutationa peroxidase 1 e regula negativamente o HIF-1α para promover a invasividade do carcinoma hepatocelular. **Clin. Cancer Res.** v. 18(11), p. 3342-3353, 2012.

Ip, C. Lessons from basic research in selenium and cancer prevention (Lições da investigação fundamental sobre o selénio e a prevenção do cancro). **J. Nutr.** v. 128, p. 1845-1854, 1998.

Ip, C.; Birringer, M.; Block, E.; et al. Chemical speciation influences comparative activity of selenium-enriched garlic and yeast in mammary cancer prevention. **J. Agric. Food Chem.** v. 48, p. 2062-70, 2000a.

Ip, C.; Ganther, H. Activity of methylated forms of selenium in cancer prevention. **Cancer Res.** v. 50, p. 1206-1211, 1996.

Ip, C.; Hayes, C. Tissue selenium levels in selenium-supplemented rats and their relevance in mammary cancer protection. **Carcinogenesis** v. 10, p. 921-925, 1989.

Ip, C.; Hayes, C.; Budnick, R.M.; Ganther, H.E. Chemical form of selenium, critical metabolites, and cancer prevention. **Cancer Research** v. 51, p. 595-600, 1991.

Ip, C.; Thompson, H.J.; Ganther, H.E. Selenium modulation of cell proliferation and cell cycle biomarkers in normal premalignant cells of the rat mammary gland. **Cancer Epidemiol. Biomarkers Prev.** v. 9, p. 49-54, 2000c.

Ip, C.; Thompson, H.J.; Zhu, Z.; Ganther, H.E. Estudos *in vitro* e *in vivo* do ácido metilselénico: provas de que um metabolito de selénio monometilado é fundamental para a quimioprevenção do cancro. **Cancer Res.** v. 60, p. 2882-2886, 2000b.

Jakubowski, H. Metabolismo da homocisteína tiolactose em culturas de células humanas. Possível mecanismo para as consequências patológicas de níveis elevados de homocisteína. **J. Biol. Chem.** v. 272, p. 1935-1942, 1997.

Jezek, P.; Skarpa, P.; Losak, T.; Hlusek, J.; Juzl, M.; Elzner, P. Selénio - Um antioxidante importante na biofortificação das culturas. In: *Antioxidant enzyme*. Skarpa et al., Eds.; Universidade Mendel em Brno: Brno, República Checa, **2012**, pp. 343-368. Disponível em: http://creativecommons.org/licenses/by/3.0 [Acedido em 12th junho 2016].

Jiang, C.; Ganther, H.; Lu, J. Inibição específica do monometil selénio da expressão de MMP-2 e VEGF: implicações para a regulação do interrutor angiogénico. **Mol. Carcinogen.** v. 29, p. 236-250, 2000.

Jiang, C.; Jiang, W.; Ip, C.; Ganther, H.; Lu, J. Inibição da angiogénese induzida pelo selénio no cancro da mama em níveis quimiopreventivos de ingestão. **Mol. Carcinogen.** v. 26, p. 213-225, 1999.

Jin, R.C.; Mahoney, C.E.; Anderson, L.C.; Ottaviano, F.; Croce, K.; Leopold, J.A.; Zhang, Y.Y.; Tang S.S.; Handy, D.E.; Loscalzo, J. A deficiência de glutationa peroxidase-3 promove trombose dependente de plaquetas *in vivo*. **Circulation** v. 123, p. 1963-1973, 2011.

John, J.A.; Shahidi, F. Compostos fenólicos e atividade antioxidante da castanha do Brasil (*Bertolletia excelsa*). **J. Funct. Foods** v. 2, p. 196-209, 2010.

Ju, W.; Li, X.; Li, Z.; Wu, G.R.; Fu, X.F.; Yang, X.M.; Zhang, X.Q.; Gao, X.B. The effect of selenium supplementation on coronary heart disease: Uma revisão sistemática e meta-análise de ensaios aleatórios controlados. **J. Trace Elem. Med. Bio**. v. 44, p. 8-16, 2017.

Juniper, D.T.; Phipps, R.H.; Ramos-Morales, E.; Bertin, G. Effect of high dose selenium enriched yeast on distribution of total selenium and selenium species within lamb tissues. **Livest. Sci.** v. 122, p. 63-67, 2009.

Kannamkumarath, S.S.; Wrobel, K.; Wrobel, K.; Vonderheide, A.; Caruso, J.A. HPLC- ICP-MS determination of selenium distribution and speciation in different types of nut. **Anal. Bioanal. Chem.** v. 373(6), p. 454-460, 2002.

Kannamkumarath, S.S.; Wrobel, K.; Wuilloud, R.G. Estudo do padrão de distribuição de selénio em proteínas de frutos secos com informação obtida por SEC-UV-ICP-MS e CE-ICP- MS. **Talanta** v. 66(1), p. 153-159, 2005.

Kapolna, E.; Hillestrom, P.R.; Laursen, K.H.; Husted, S.; Larsen, E.H. Effect of foliar application of selenium on its uptake and speciation in carrot. **Food Chem.** v. 115, p. 1357-1363, 2009.

Keck, A-S.; Finley, J.W. Cruciferous vegetables: cancer protective mechanism of glucosinolate hydrolysis products and selenium (Cruciferous vegetables and cancer protection). **Integr. Cancer Ther.** v. 3(1), p. 5-12, 2004.

Kenyon, E.M.; Hughes, M.F.; Levander, O.A. Influência do selénio dietético na deposição de arseniato no rato fêmea B6C3F1. **J. Toxicol. Environ. Health** v. 51, p. 279-299, 1997.

Grupo de Investigação da Doença de Keshan. Observação sobre o efeito do selenito de sódio na prevenção da doença de Keshan. **Ata Academia Medica Sinica** v. 1, p. 75-83, 1979.

Khatri, J.J.; Johnson, C.; Magid, R.; Lessner, S.M.; Laude, K.M.; Dikalov, S.I.; Harrison, D.G.; Sung H-J.; Rong, Y.; Galis, Z.S. Vascular oxidant stress enhances progression and angiogenesis of experimental atheroma. **Circulation** v. 109, p. 520-525, 2004.

Kirby, J.K.; Lyons, G.H.; Karkkainen, M.P. Selenium speciation and bioavailability in biofortified products using species-unspecific isotope dilution and reverse phase ion pairing-inductively coupled plasmamass spectrometry. **J. Agric. Food Chem**. v. 56, p. 1772-1779, 2008.

Kirby, J.; Lyons, G.; Karkkainen, M.P.; McLaughlin, M. HPLC-(ID)-ICPMS para a determinação de espécies de selénio em grãos e bolachas biofortificados. In: *INTERACT 2006. Real Instituto Australiano de Química e Sociedade Australiana de Ecotoxicologia, 2428 de setembro de 2006*;

Perth, Austrália Ocidental, **2006**.

Klein, E.A.; Thompson, I.M.; Tangen, C.M.; Crowley, J.J.; Lucia, M.S.; et al. Vitamina E e o risco de cancro da próstata: resultados actualizados do estudo The Selenium and Vitamin E Cancer Prevention (SELECT). **JAMA** v. 306(14), p. 1549-1556, 2011.

Knekt, P.; Aromaa, A.; Maatela, J.; Alfthan, G.; Aaran, R.K.; Hakama, M.; Hakulinen, T.; Peto, R.; Teppo, L. Seum selenium and subsequent risk of cancer among Finnish men and women. **J. Natl. Cancer Inst.** v. 82(10), p. 864-868, 1990.

Knekt, P.; Marniemi, J.; Teppo, L.; Heliovaara, M.; Aromaa, A. Is low selenium status a risk fator for lung cancer? **Am. J. Epidemiol.** v. 148(10), p. 975-982, 1998.

Koeman, J.H.; Peeters, W.H.M.; Koudstaal-Hol, C.H.M. Mercury-selenium correlations in marine mammals. **Nature** v. 245, p. 385-386, 1973.

Koljonen, T. O selénio em certas rochas ígneas. **Boletim da Sociedade Geológica da Finlândia** v. 45, p. 9-22, 1973(a).

Koljonen, T. O selénio em certas rochas metamórficas. **Boletim da Sociedade Geológica da Finlândia** v. 45, p. 107-117, 1973(b).

Koljonen, T. Selénio em certas rochas sedimentares. **Boletim da Sociedade Geológica da Finlândia** v. 45, p. 119-123, 1973(c).

Koljonen, T. Selénio em certos sedimentos finlandeses. **Boletim da Sociedade Geológica da Finlândia** v. 46, p. 15-21, 1974.

Kosta, L.; Byrne, A.R.; Zelenko, V. Correlation between selenium and mercury in man following exposure to inorganic mercury. **Nature** v. 254, p. 238-239, 1975.

Koszta, G.; Kacska, Z.; Szatmari, K.; Szerafin, T.; Fulesdi, B. Lower whole blood selenium level is associated with higher operative risk and mortality following cardiac surgery. **J. Anesth.** v. 26(6), p. 812-21, 2012.

Kotrebai, M.; Tyson, J.F.; Uden, P.C.; Birringer, M.; Block, E. Especiação de selénio em amostras enriquecidas e naturais por HPLC-ICP-MS e HPLC-ESI-MS com agentes de emparelhamento iónico de ácidos carboxílicos perfluorados. **Analyst** v. 125, p. 71-78, 2000.

Kristan, U.; Arribere, M.A.; Stibiji, V. Selenium species and their distribution in freshwater fish from

Argentina. **Biol. Trace Elem. Res.** v. 151, p. 240-246, 2013.

Kryukov, G.V.; Castellano, S.; Novoselov, S.V.; et al. Characterization of mammalian selenoproteomes. **Science** v. 300, p. 1439-43, 2003.

Kubota, J.; Allaway, H.; Carter, D.L.; Cary, E.E.; Lazar, V.A. Selénio em culturas nos Estados Unidos em relação a doenças animais sensíveis ao selénio. **J. Agric. Food. Chem.** v. 15, p. 448-453, 1967.

Lag, J.; Steinnes, E. O selénio do solo em relação à precipitação. **Ambio** v. 3, p. 237-238, 1974.

Lemire, M.; Fillion, M.; Frenette, B.; Passos, C.J.S.; Guimaraes, J.R.D.; Barbosa, Jr.F.; Mergler, D. Selênio de fontes dietéticas e funções motoras na Amazônia brasileira. **NeuroToxicology** v. 32, p. 944-953, 2011.

Lemire, M.; Mergler, D.; Fillion, M.; Passos, C.J.S.; Guimaraes, J.R.D.; Davidson, R.; Lucotte, M. Elevação do selénio no sangue na Amazónia brasileira. **Sci. Total Environ.** v. 366, p. 101-111, 2006.

Levander, O.A. Metabolic interrelationships between arsenic and selenium. **Environ. Health Persp.** v. 19, p. 159-164, 1977.

Levander, O.A.; Alfthan, G.; Arvilommi, H.; Gref, C.G.; Huttunen, J.K.; Kataja, M.; Koivistoinen, P.; Pikkarainen, J. Biodisponibilidade de selénio para homens finlandeses avaliada pela atividade da glutationa peroxidase plaquetária e outros parâmetros sanguíneos. **Am. J. Clin. Nutr.** v. 37(6), p. 887-897, 1983.

Levander, A.O.; Baumann, C.A. Selenium metabolism. V. Estudos sobre a distribuição de selénio em ratos que receberam arsénio. **Toxicol. Appl. Pharmacol.** v. 9, p. 98-105, 1966a.

Levander, A.O.; Baumann, C.A. Selenium metabolism. VI. Efeito do arsénio na excreção de selénio na bílis. **Toxicol. Appl. Pharmacol.** v. 9, p. 106-111, 1966b.

Lewin, M.H.; Arthur, J.R.; Riemersma, R. A.; Nicol, F.; Walker, S.W.; Millar, E.M.; Howie, A.F.; Beckett, G.J. A suplementação com selénio, que actua através da indução da tioredoxina redutase e da glutationa peroxidase, protege a linha de células endoteliais humanas EAhy926 dos danos causados pelos hidroperóxidos lipídicos. **Biochim. Biophys. Ata** v. 1593(1), p. 85-92, 2002.

Li, Z.; Carrier, L.; Belame, A.; Thiyagarajah, A.; Salvo, V.A.; Burow, M.E.; Rowan, B.G. Combinação de metilselenocisteína com tamoxifeno inibe xenoenxertos de cancro da mama MCF-7 em ratinhos nus através de apoptose elevada e angiogénese reduzida. **Breast Cancer Res. Treat.** v. 118(1), p. 33-43, 2009.

Lim, C.C.; Bryan, N.S.; Jain, M.; Garcia-Saura, M.F.; Fernandez, B.O.; Sawyer, D.B.; Handy, D.E.; Loscalzo, J.; Feelish, M.; Liao, R. Glutathione peroxidase deficiency exacerbates ischemia-reperfusion injury in male but not in female myocardium: insights into antioxidant compensatory mechanism. **Am. J. Physiol. Heart Circ. Physiol.** v. 297, p. H2144-H2153, 2009.

Lin, Y.; Spallholz, J.E. Generation of reactive oxygen species from the reaction of selenium compounds with thiols and mammary tumor cells. **Biochem. Pharmacol.** v. 45, p. 429-437, 1993.

Lin, L.; Zhou, W.; Dai, H.; Cao, F.; Zhang, G.; Wu, F. O selénio reduz a absorção de cádmio e atenua a toxicidade do cádmio no arroz. **J. Hazard Mater.** v. 235-236, p. 343351, 2012.

Liu, K.; Cao, X.; Bai, Q.; Wen, H.; Gu, Z. Relações entre propriedades físicas do arroz integral e grau de moagem e perda de selénio. **J. Food Eng.** v. 94, p. 69-74, 2009.

Liu, W.X.; Feng, X.; Shang, S.; Zhang, G.; Wu, F.B. O selénio reduz a acumulação de cádmio e alivia a degradação da qualidade induzida pelo cádmio no tabaco. **Plant Soil Environ**. v. 61, p. 440-450, 2015.

Liu, J.G.; Zhao, H.J.; Liu, Y.J.; Liu, Y.W.; Wang, X.L. Efeito de duas fontes de selénio na hepatocarcinogénese e em várias citocinas angiogénicas em ratos com hepatocarcinoma induzido por dietilnitrosamina. **J. Trace Elem. Med. Biol.** v. 26(4), p. 255-261, 2012.

Loscalzo, J. The oxidant stress of hyperhomocyst(e)inemia. **J. Clin. Invest.** v. 98, p. 57, 1996.

Luten, J.B.; Ruiter, A.; Ritskes, T.M.; Rauchbaar, A.B.; Riekwel-Booy, G. Mercury and selenium in marine and freshwater fish. **J. Food Sci**. v. 45, p. 416-419, 1980.

Lyons, G.H.; Judson, G.J.; Ortiz-Monasterio, I.; Genc, Y.; Stangoulis, J.C.R.; Graham, R.D. Selenium in Australia: selenium status and biofortification of wheat for better health. **J. Trace Elem. Med. Biol.** v. 19, p. 75-82, 2005c.

Lyons, G.H.; Lewis, J.; Lorimer, M.F.; Holloway, R.E.; Brace, D.M.; Stangoulis, J.C.R.; Graham, R.D. High-selenium wheat: agronomic biofortification strategies to improve human nutrition. **Food Agric. Environ.** v. 2, p. 171-178, 2004.

Lyons, G.; Ortiz-Monasterio, I.; Stangoulis, J.; Graham, R. Selenium concentration in wheat grain: Existe variação genotípica suficiente para ser usada no melhoramento? **Plant and Soil** v. 269, p. 269-380, 2005(a).

Lyons, G.H.; Stangoulis, J.C.R.; Graham, R.D. Tolerância do trigo (*Triticum aestivum* L.) a níveis elevados de selénio no solo e na solução. **Plant and Soil** v. 270, p. 179-188, 2005b.

Mai, C.; Rapf, R.; Wilkes, E.; Zurita, K. Selénio no atum: branco *versus* luz e água versus embalagem. Dartmouth Undergraduate Journal of Science 2011. Disponível em: http://dujs.dartmouth.edu/wp-content/uploads/2011/03/37 pdfsam 11w final.pdf [Acedido em 09th setembro 2016].

Marchaluk, E.; Persson-Moschos, M.; Thorling, E.B. Variation in selenoprotein P concentration in serum from different European regions. **Eur. J. Clin. Nutr.** v. 49, p. 42-48, 1995.

Marcus, A.J.; Silk, S.T.; Safier, L.B.; Ullman, H.L. Superoxide production and reducing activity in human platelets. **J. Clin. Invest.** v. 59, p. 149-158, 1977.

Maus, R.W.; Martz, F.A.; Belyea, R.L.; Weiss, F. Relationship of dietary selenium in plasma and milk from diary cows. **J. Diary Sci.** v. 63, p. 532-537, 1980.

Moraes, S.S.; Tokarnia, C.H.; Dobereiner, J. Deficiencias e desiquiHbrios de microelementos em bovinos e ovinos em algumas regioes do Brasil. **Pesquisa Vet. Bras.** v. 19, p. 19-33, 1999.

Moreno, P.; Quijano, M.A.; Gutierrez, A.M.; Perez-Conde, M.C.; Camara, C. Estudo da distribuição de espécies de selénio em tecidos biológicos por exclusão de tamanho e cromatografia de permuta iónica por espetrometria de massa com plasma indutivamente acoplado. **Anal. Chim. Ata** v. 524, p. 315-327, 2004.

Mousa, H.R.; Alla, M.A.A. Efeitos benéficos do selénio para aliviar a toxicidade do cádmio em *Pisum sativum* L. **European Journal of Academic Essays** v. 3(1), p. 67-75, 2016.

Mousa, S.A.; O'Connor, L.; Rossman, T.G.; Block, E. Ação pró-angiogénica do arsénio e sua reversão por compostos derivados do selénio. **Carcinogenesis** v. 28(5), p. 962-967, 2007.

McGuire, M.K.; Burgert, S.L.; Milner, J.A.; Glass, L.; Kummer, R.; Deering, R.; Boucek, R.; Picciano, M.F. Selenium status of infants is influenced by supplementation of formula or maternal diets. **Am. J. Clin. Nutr.** v. 58, p. 643-648, 1993.

Naseem, K.M.; Bruckdorfer, K.R. The influence of organic peroxides on platelet aggregation and sensitivity to nitric oxide. **Platelets** v. 10, p. 146-152, 1999.

Natella, F.; Fidale, M.; Tubaro, F.; Ursini, F.; Scaccini, C. A suplementação com selénio previne o aumento do LDL eletronegativo aterogénico (LDL minus) na fase pós-prandial. **Nutr. Metab. Cardiovasc. Dis.** v. 17(9), p. 649-56, 2007.

Navarro-Alarcon, M.; Cabrera-Vique, C. Selénio nos alimentos e no corpo humano: Uma revisão. **Sci. Total Environ.** v. 400, p. 115-141, 2008.

Neve J. Human selenium supplementation as assessed by changes in blood selenium concentration and glutathione peroxidase activity. **J. Trace Elem. Med. Biol.** v. 9, p. 65-73, 1995.

Newairy, A.A.; El-Sharaky, A.S.; Badreldeen, M.M.; Eweda, S.M.; Sheweita, S.A. Os efeitos hepatoprotectores do selénio contra a toxicidade do cádmio em ratos. **Toxicology** v. 242(1-3), p. 23-30, 2007.

Ng, B.H.; Anderson, J.W. Synthesis of selenocysteine by cysteine synthase from selenium accumulator and non-accumulator plants. **Phytochemistry** v. 17, p. 20692074, 1978.

Nigam, S.N.; McConnell, W.B. Seleno amino compostos de *Astragalus bisulcatus*: isolamento e identificação de γ-glutamil-Se-metil-seleno-L-cisteína e Se metilseleno-L-cisteína. **Biochim. Biophys. Ata** v. 192, p. 185-190, 1969.

Nogueira, C.W.; Rocha, J.B.T. Toxicologia e farmacologia do selénio: ênfase nos compostos organoselénicos sintéticos. **Arch. Toxicol.** v. 85, p. 1313-1359, 2011.

Nuttall, K.L. Avaliação do envenenamento por selénio. **Ann. Clin. Lab. Sci.** v. 36, p. 409-420, 2006.

Oldfield, J.E. *Se world atlas (edição actualizada)*. Associação para o Desenvolvimento do Selénio-Telúrio (STDA): Grimbergen, **2002**, pp. 11-52.

Oliveira, K.; Pataco, I.M.; Mourinho, M.P.; Santos, C.; Pelica, J.; et al. Biofortificação com selénio no arroz - Uma revisão pragmática. **Emir. J. Food Agric.** v. 27(3), p. 231-241, 2015.

Ornsrud, R.; Lorentz, M. Bioavailability of selenium from raw or cured selenomethionine-enriched fillets of Atlantic salmon (*Salmo salar*) assessed in selenium-deficient rats. **Brit. J. Nutr.** v. 87, p. 3-20, 2002.

Ortman, K.; Pehrson, B. Effect of selenate as a feed supplement to dairy cows in comparison to selenite and selenium yeast. **J. Anim. Sci.** v. 77, p. 3365-3370, 1999.

Oster, O.; Prellwitz, W. Selenium and cardiovascular disease. **Biol. Trace Elem. Res.** v. 24(2), p. 91-103, 1990.

Othmann, A.L.; El Missiry, M.A. Role of selenium against lead toxicity in male rats. **J. Biochem. Mol. Toxicol.** v. 12(6), p. 345-349, 1998.

Parizek, J.; Ostadalova, I. O efeito protetor de pequenas quantidades de selenito na intoxicação por sublimado. **Experientia** v. 23, p. 142-143, 1967.

Patterson, B.; Levander, O.; Helzsouer, K.; McAdam, P.; Lewis, S.; Taylor, P.; Veillon, C.; Zech, L.A. Human selenite metabolism. Um modelo cinético. **Am. J. Physiol.** v. 257, R556-R567, 1989.

Pedrero, Z.; Madrid, Y. Novas abordagens para a especiação de selénio em géneros alimentícios e espécimes biológicos: Uma revisão. **Anal. Chim. Ata** v. 634, p. 135-152, 2009.

Pedrero, Z.; Madrid, Y.; Camara, C. Bioacessibilidade de espécies de selénio em rabanete enriquecido (*Raphanus sativus*): uma potencial fonte dietética de selénio. **J. Agr. Food Chem.** v. 54, p. 2412-2417, 2006.

Persson-Moschos, M.; Alfthan, G.; Akesson, B. Plasma selenoprotein P levels of healthy males in different selenium status after oral supplementation with different forms of selenium. **Eur. J. Clin. Nutr.** v. 52, p. 363-367, 1998.

Pickering, I.J.; Prince, R.C.; Salt, D.E.; George, G.N. Quantitative, chemically specific imaging of selenium transformation in plants. **PNAS** v. 97(20), p. 10717-10722, 2000.

Pickering, I.J.; Wright, C.; Bubner, B.; Ellis, D.; Persans, M.W.; Yu, E.Y.; George, G.N.; Prince R.C.; Salt, D.E. Chemical form and distribution of selenium and sulfur in the selenium hyperaccumulator *Astragalus bisulcatus*. **Plant Physiology** v. 131, p. 1460-1467, 2003.

Pinheiro, M.C.N.; Muller, R.C.S.; Sarkis, J.E.; Vieira, J.L.F.; Oikawa, T.; Gomes, M.S.V.; Guimaraes G.A.; Nascimento, J.L.M.; Silveira, L.C.L. Concentrações de mercúrio e selênio em amostras de cabelo de mulheres em idade fértil de comunidades ribeirinhas da Amazônia. **Sci. Total Environ.** v. 349, p. 284-288, 2005.

Plessi, M.; Bertelli, D.; Monzani, A. Teor de mercúrio e selénio em marisco selecionado. **J. Food Compos. Anal.** v. 14, p. 461-467, 2001.

Prauchner, C.A. Inibição da angiogénese por antioxidantes. **International Journal of Biomedical Science and Engineering** v. 2, p. 7-19, 2014.

Prauchner, C.A. *A importância do selênio para a agropecuária e saúde humana*. Editora UFSM: Santa Maria (RS/Brasil), **2014**, pp. 216-217.

Prauchner, C.A. *Roles of selenium in farms and in human health (Funções do selénio nas explorações agrícolas e na saúde humana)*. Lambert Academic Publishing: Saarbrucken, **2015**, pp. 19-194.

Prauchner, C.A. Estresse oxidativo na sepse: implicações fisiopatológicas que justificam a co-terapia antioxidante. **Burns** v. 43, p. 471-485, 2017.

Prauchner, C.A. *Pesticides and chemicals with endocrine disrupting potential (Pesticidas e produtos químicos com potencial de desregulação endócrina)*. Imprensa dos académicos: Beau Bassin (Maritius), **2018**, pp. 24-179.

Prauchner, C.A.; Prestes, A.S.; Rocha, J.B.T. Efeitos do disseleneto de difenila no estresse oxidativo induzido pela sepse em ratos. **Pathol. Res. Pract.** v. 207, p. 554-558, 2011.

Pucheu, S.; Coudray, C.; Tresallet, N.; Favier, A.; de Leiris, J. Effect of dietary antioxidant trace element supply on cardiac tolerance to ischemia-reperfusion in the rat. **J. Mol. Cell Cardiol.** v. 27(10), p. 2303-2314, 1995.

Rajpathak, S.; Rimm, E.; Morris, J.S.; Hu, F. Toenail selenium and cardiovascular disease in men with diabetes. **J. Am. Coll. Nutr.** v. 24(4), p. 250-256, 2005.

Rakotovao, A.; Tanguy, S.; Toufektsian, M.C.; Berthonneche, C.; Ducros, V.; Tosaki, A.; de Leiris, J.; Boucher, F. Selenium status as determinant of connexin-43 dephosphorylation in *ex vivo* ischemic/reperfused rat myocardium. **J. Trace Elem. Med. Biol.** v. 19(1), p. 43-47, 2005.

Ramfrez-Bribiesca, J.E.; Tortora, J.L.; Huerta, M.; Aguirre, A.; Hernandez, L.M. Diagnosis of selenium status in grazing diary goats on the Mexican plateau. **Small Rum. Res.** v. 41, p. 81-85, 2001.

Rayman, M.P.; Clark, L.C. *Selénio na prevenção do cancro*. In: Elementos vestigiais no homem e nos animais: Proceedings of the 10th international symposium on trace elements in man and animals (Tema 10); 1999 May 2-7; Evian, France; Roussel A.M., Favier A., Anderson R.A., Eds.; Springer-Verlag: Berlim, **2000**, pp. 575-580.

Rayman, M.P.; Infante, H.G.; Sargent, M. Food-chain selenium and human health: spotlight on speciation. **Br. J. Nutr.** v. 100, p. 238-253, 2008.

Rederstorff, M.; Krol, A.; Lescure, A. Understanding the importance of selenium and selenoproteins in muscle function. **Cellular and Molecular Life Sciences** v. 63, p. 5259, 2006.

Reeder, R.J.; Schoonen, M.A.A.; Lanzirotti, A. Especiação de metais e seu papel na bioacessibilidade e biodisponibilidade. Rev. **Mineralogy Geochem.** v. 64, p. 59-113, 2006.

Reilly, K.; Valverde, J.; Finn, L.; Gaffney, M.; Rai, D.K.; Brunton, N. A note on the effectiveness of selenium supplementation of Irish-grown *Allium* crops. **Irish J. Agr. Food Res.** v. 53, p. 91-99, 2014.

Reyes, L.H.; Mar, J.L.; Rahman, G.M.; Seybert, B.; Fahrenholz, T.; Kingston, H.M. Determinação simultânea de espécies de arsénio e selénio em tecidos de peixe utilizando extração enzimática assistida por micro-ondas e cromatografia iónica-espetrometria de massa com plasma indutivamente acoplado. **Talanta** v. 78, p. 983-990, 2009.

Rezaei, S.A.; Dalir-Naghadeh, B. Association of plasma and heart homocysteine and blood malondialdehyde with cardiovascular diseases induced by acute selenium deficiency in lambs. **Small Rum. Res.** v. 83, p. 22-28, 2009.

Rotruck, J.T.; Pope, A.L.; Ganther, H.E.; Swanson, A.B.; Hafeman, D.G.; Hoestra, W.G. Selénio: papel bioquímico como componente da glutationa peroxidase. **Science** v. 179, p. 558-560, 1973.

Savery, L.C.; Evers, D.C.; Wise, S.S.; Falank, C.; et al. Concentrações globais de mercúrio e selénio na pele de cachalotes em liberdade (*Physeter macrocephalus*). **Sci. Total Environ.** v. 450-451, p. 59-71, 2013.

Schnabel, R.; Lackner, K.J.; Rupprecht, H.J.; Espinola-Klein, C.; Torzewski, M.; Lubos, E.; Bickel, C.; Cambien, F.; Tiret, L.; Munzel, T.; Blankenberg, S. Glutationa peroxidase-1 e homocisteína para previsão de risco cardiovascular. **Journal of the American College of Cardiology** v. 45, p. 1631-1637, 2005.

Schrauzer, G.N. Selenometionina: uma revisão do seu significado biológico, metabolismo e toxicidade. **J. Nutr.** v. 130, p. 1653-1656, 2000.

Schumacher, J.J.; Upadhyaya, P.; Ramakrishnan, S. Inibição de células endoteliais vasculares por 1,4-fenilenobis (metileno) selenocianato - um novo composto organosselenio quimiopreventivo. **Anticancer Res.** v. 21, p. 1945-1951, 2001.

Associação para o Desenvolvimento do Telúrio e do Selénio (STDA). Disponível em: http://www.stda.net/se-te.htm [Acedido em 30th novembro 2006].

Shumann, K.; Classen, H.G.; Hages, M.; Prinz-Langenohl, R.; Pietrzik, K.; Biesalki, H.K. Bioavailability of oral vitamins, minerals, and trace elements in perspective. **Arzneimiteel-Forschung/Drug Research** v. 47, p. 369-380, 1997.

Smrkolj, P.; Osvald, M.; Osvald, J.; Stibilj, V. Absorção de selénio e distribuição de espécies em sementes de feijão (*Phaseolus vulgaris* L.) enriquecidas com selénio obtidas por duas culturas diferentes. **Eur. Food Res. Technol.** v. 225(2), p. 233-237, 2007.

Sors, T.G.; Ellis, D.R.; Salt, D.E. Selenium uptake, translocation, assimilation and metabolic fate in plants. **Photosynth. Res.** v. 86, p. 373-389, 2005.

Spallholz, J.E.; Boylan, L.M.; Rhaman, M.M. Environmental hyposthesis: is poor dietary selenium intake an underlying fator for arsenicosis and cancer in Bangladesh and West Bengal, India? **Sci. Total Environ.** v. 323, p. 21-32, 2004.

Spallholz, J.E.; Palace, V.P.; Reid, T.W. Methioninase and selenomethionine but not Se-methylselenocysteine generate methylselenol and superoxide *in an in vitro* chemiluminescent assay: implications for the nutritional carcinostatic activity of selenoamino acids. **Biochem. Pharmacol.** v. 67(3), p. 547-54, 2004.

Srivastava, D.; Subramanian, R.B.; Madamwar, D.; Flora, S.J.S. Protective effect of selenium, calcium, and magnesium against arsenic-induced oxidative stress in male rats. **Arh. Hig. Rada Toksikol.** v. 61, p. 153-159, 2010.

Stahl, W.; van den Berg, H.; Arthur, J.; Bast, A.; Dainty, J.; Faulks, R.M.; et al. Biodisponibilidade e metabolismo. **Mol. Aspects of Med.** v. 23, p. 39-100, 2002.

Stajn, A.; Zikic, R.V.; Ognjanovic, B.; Saicic, Z.S.; Pavlovic, S.Z.; Kostic, M.M.; Petrovic, V.M. Effect of cadmium and selenium on antioxidant defense system in rat kidney. **Comp. Biochem. Physiol.** v. 117, p. 167-172, 1997.

Steinbrenner, H.; Sies, H. Proteção contra espécies reactivas de oxigénio por selenoproteínas. **Biochim. Bioph. Ata** v. 1790, p. 1478-1485, 2009.

Stevanovic, A.; Coburn, M.; Menon, A.; Rossaint, R.; Heyland, D.; Schalte, G.; Werker, T.; Wonisch W.; Kiehntopf, M.; Goetzenich, A.; et al. A importância dos níveis sanguíneos de selénio intra-operatórios na disfunção orgânica em doentes submetidos a cirurgia cardíaca sem circulação extracorporal: A randomised controlled trial. **Plos One** v. 9, p. e104222, 2014.

Stoppe, C.; Schalte, G.; Rossaint, R.; Coburn, M.; Graf, B.; Spillner, J.; Marx, G.; Rex, S. A diminuição intra-operatória de selénio está associada ao desenvolvimento pós-operatório de disfunção multiorgânica em doentes de cirurgia cardíaca. **Crit. Care Med.** v. 39(8), p. 1879-85, 2011.

Stranges, S.; Marshall, J.R.; Natarajan, R.; Donahue, R.P.; Trevisan, M.; Combs, G.F.Jr.; Cappuccio, F.P.; Ceriello, A.; Reid, M.E. Effects of long-term selenium supplementation on the incidence of type 2 diabetes. **Annals of Internal Medicine** v. 147, p. 217-223, 2007.

Stranges, S.; Marshall, J.R.; Trevisan, M.; Natarajan, R.; Donahue, P.; Combs, G.F.Jr.; Farinaro, E.;

Clark, L.C.; Reid, M.E. Effects of selemium supplementation on cardiovascular disease incidence and mortality: secondary analyses in a randomized clinical trial. **American Journal of Epidemiology** v. 163(8), p. 694-699, 2006.

Suadicani, P.; Hein, H.O.; Gyntelberg, F. Serum selenium level and risk of lung cancer mortality: a 16-year follow-up of the Copenhagen Male Study. **Eur. Resp. J.** v. 39, p. 1443-1448, 2012.

Sun, H.; Wang, X.; Wang, Y.; Wei, Y.; Wang, G. Aliviação da toxicidade do cádmio em mudas de pepino (*Cucumis sativus*) pela aplicação de selénio. **Spanish Journal of Agricultural Research** v. 14(4), e1105, 2016 (12 páginas). Disponível em: http://revistas.inia.es/index.php/sjar/article/view/10008/3147 [Acedido em 20th dezembro 2017].

Suzuki, K.T.; Doi, C.; Suzuki, N. Via metabólica de^{26} Se-metilselenocisteína comparada com a de^{77} Se-metionina e^{82} Se-selenite. **Toxicol. Appl. Pharm.** v. 217, p. 185-195, 2006.

Suzuki, Y.; Hashiura, Y.; Matsumura, K.; Matsukawa, T.; Shinohara, A.; Furuta, N. Dynamic pathways of selenium metabolism and excretion in mice under different selenium nutritional stresses. **Metallomics** v. 2, p. 126-132, 2009.

Suzuki, K.T.; Tsuji, Y.; Ohta, Y.; Suzuki, N. Distribuição preferencial nos órgãos da fonte de metiselenol Se-metilselenocisteína relativamente ao ácido metilselenínico. **Toxicol. Appl. Pharm.** v. 227, p. 76-83, 2008.

Swanson, C.A.; Patterson, B.H.; Levander, O.A.; Veillon, C.; Taylor, P.; Helzsouer, K.; McAdam, P.A.; Zech, L.A. Human (^{74} Se)selenomethionine metabolism: a kinetic model. **Am. J. Clin. Nutr.** v. 54, p. 917-926, 1991.

Tan, J.A.; Zheng, D.Z.; Hou, S.F.; Zhu, W.Y.; Li, R.B.; Zhu, Z.Y.; Wang, W.Y. Selénio na ecologia e quimiogeografia e na doença endémica de Keshan e Kashin-Beck na China. In: *Selenium in biology and medicine*, vol. B.; Combs, G.F.Jr., Spallholz, J.E., Levander, O.A., Oldfield, J.E., Eds.; AVI Publishing Co: Westport, **1987**, pp. 859-876.

Tan, J.; Zhu, W.; Wang, W.; Li, R.; Hou, S.; Wang, D.; Yang, L. Selénio no solo e doenças endémicas na China. **Sci. Total Environ.** v. 284, p. 227-235, 2002.

Tanguy, S.; Boucher, F.; Besse, S.; Ducros, V.; Favier, A.; de Leiris, J. Trace elements and cardioprotection: increasing endogenous glutathione peroxidase activity by oral selenium supplementation in rats limits reperfusion-induced arrhythmias. **J. Trace Elem. Med. Biol.** v. 12(1), p. 28-38, 1998.

Tanguy, S.; Rakotovao, A.; Jouan, M.G.; Ghezzi, C.; de Leiris, J.; Boucher, F. A ingestão de selénio na dieta influencia a desfosforilação de Cx43, a expressão de TNF-α e a remodelação cardíaca após enfarte reperfundido. **Mol. Nutr. Food Res.** v. 55(4), p. 522-529, 2011.

Tapiero, H.; Townsend, D.M.; Tew, K.D. The antioxidant role of selenium and selenocompounds. **Biomed & Pharmacoth.** v. 57, p. 134-144, 2003.

Thiry, C.; Ruttens, A.; de Temmerman, L.; Schneider, Y.; Pussemier, L. Current knowledge in species-related bioavailability of selenium in food. **Food Chem.** v. 130, p. 767-784, 2012.

Thompson, C.D.; Robinson, M.F.; Campbell, D.R.; Rea, H.M. Effect of prolonged supplementation with diary supplements of selenomethionine and sodium selenite on glutathione peroxidase activity in blood of New Zealand residents. **Am. J. Clin. Nutr.** v. 36, p. 24-31, 1982.

Thomson, C.D. Assessment of requirements for selenium and adequacy of selenium status: a review. **Eur. J. Clin. Nutr.** v. 58, p. 391-402, 2004.

Thomson, C.D.; Chisholm, A.; McLachlan, S.K.; Campbell, J.M. Castanhas do Brasil: uma forma eficaz de melhorar o nível de selénio. **Am. J. Clin. Nutr.** v. 87, p. 379-384, 2008.

Thomson, C.D.; Robinson, M.F. Long-term supplementation with selenate and selenomethionine: selenium and glutathione peroxidase (*EC* 1.11.1.9) in blood components of New Zealand women. **Brit. J. Nutr.** v. 69, p. 577-588, 1993.

Toufektsian, M.C.; Boucher, F.; Pucheu, S.; Tanguy, S.; Ribuot, C.; Sanou, D.; Tresallet, N.; de Leiris J. Effects of selenium deficiency on the response of cardiac tissue to ischemia and reperfusion. **Toxicology** v. 148(2-3), p. 125-32, 2000.

Trivieri, M.G.; Oudit, G.Y.; Sah, R.; Kerfant, B.G.; Sun, H.; Gramolini, A.O.; Pan, Y.; Wickenden, A.D.; Croteau, W.; de Escobar, G.M.; et al. Cardiac-specific elevations in thyroid hormone enhance contractility and prevent pressure overload-induced cardiac dysfunction. **Proc. Natl. Acad. Sci. USA** v. 103, p. 6043-6048, 2006.

Tsen, C.C.; Tappel, A.L. Catalytic oxidation of glutathione and other sulfhydryl compounds by selenite. **J. Biol. Chem.** v. 233, p. 1230-1232, 1958.

US EPA (2006). Current National Recommended Water critery (Critérios nacionais recomendados para a água). Disponível em: http://www.epa.gov.br/waterscience/criteria/wqcriteria.html [Acedido em: 15th fevereiro de 2006].

Uthus, E.O.; Yokoi, K.; Davis, C.D. Selenium deficiency in Fisher-344 rats decreases plasma and tissue homocysteine concentrations and alters plasma homocysteine and cysteine redox status. **J. Nutr.** v. 132, p. 1122-1128, 2002.

van den Brandt, P.A.; Goldbohm, R.A.; van t' Veer, P.; Bode, P.; Dorant, E.; Hermus, R.J.J.; Sturmans, F. A prospective cohort study on selenium status and the risk of lung cancer. **Cancer Res.** v. 53, p. 4860-4865, 1993.

van der Torre, H.W.; van Dokkum, W.; Schaafsma, C.; Wedel, M.; Ockhuizen, T. Effect of various levels of selenium in wheat and meat on blood Se status indices and on Se balance in Dutch men. **Brit. J. Nutr.** v. 65, p. 69-80, 1991.

Vandeland, S.C.; Beilstein, M.A.; Chen, C.L.; Jensen, O.N.; Barofsky, E.; Whanger, P.D. Purificação e propriedades da selenoproteína W do músculo do rato. **J. Biol. Chem.** v. 268, p. 17103-17107, 1993.

Venardos, K.; Harrison, G.; Headrick, J.; Perkins, A. Effects of dietary selenium on glutathione peroxidase and thioredoxin reductase activity and recovery from cardiac ischemia-reperfusion. **J. Trace Elem. Med. Biol.** v. 18(1), p. 81-88, 2004.

Vendeland, S.C.; Deagen, J.T.; Butler, J.A.; Whanger, P.D. Uptake of selenite, selenomethionine and selenate by brush border membrane vesicles isolated from rat small intestine. **Biometals** v. 7, p. 305-312, 1994.

Wang, Z.; Jiang, C.; Lu, J. Indução de apoptose mediada por caspase e paragem do ciclo celular G1 pelo metabolito de selénio metilselenol. **Mol. Carcinog.** v. 34(3), p. 113-20, 2002.

Wang, Y-D.; Wang, X.; Wong, Y-S. Geração de arroz enriquecido com selénio com maior rendimento de grãos, teor de selénio e biodisponibilidade através da fertilização com selenito. Escola de Ciências da Vida e Laboratório Chave Estadual de Agrobiotecnologia, Universidade Chinesa. **Food Chem.** v. 141, p. 2385-2393, 2013.

Wang, W.; Yang, L.; Hou, S.; Tan, S.; Li, H. Prevenção do arsenismo endémico com selénio. **Curr. Sci.** v. 81, p. 1215-1219, 2001.

Wang, W.; Yang, L.; Hou, S.; Tan, S.; Li, H. Effects of selenium supplementation on arsenism: an intervention trial in inner Mongolia. **Environ. Geochem. Health** v. 24, p. 359-374, 2002.

Welch, G.N.; Loscalzo, J. Homocysteine and atherothrombosis. **N. Engl. J. Med.** v. 338, p. 1042-50, 1998.

Whanger, P.D. Selenoproteína W: uma revisão. **Cell. Mol. Life Sci.** v. 57, p. 1846-1852, 2000.

Whanger, P.D. Selenocompounds in plants and animals and their biological significance. **J. Am. Coll. Nutr**. v. 21, p. 223-322, 2002.

Whanger, P.D. O selénio e a sua relação com o cancro: Uma atualização. **Br. J. Nutr.** v. 91, p. 11-28, 2004.

Whanger, P.D.; Butler, J.A. Effects of various dietary levels of selenium as selenite or selenomethionine on tissue selenium levels and glutathione peroxidase activity in rats. **J. Nutr.** v. 118, p. 846-852, 1988.

Witzum, J.L. The oxidation hypothesis of atherosclerosis (A hipótese da oxidação da aterosclerose). **Lancet** v. 344, p. 793-195, 1994.

Organização Mundial de Saúde (OMS). *Arsénio. Critérios de saúde ambiental 18*. Genebra: OMS, **1981**.

Wolf, W.R.; Goldschmidt, R.J. Estimativas actualizadas do teor de selenometionina dos materiais de referência do trigo 1ST por GC-IDMS. **Anal. Bioanal. Chem**. v. 387, p. 24492452, 2007.

Wolnik, K.A.; Fricke, F.L.; Capar, S.G.; Braude, G.L.; Meyer, M.W.; Satzger, R.D.; Kuennen, R.W. Elementos nas principais culturas agrícolas em bruto nos Estados Unidos. 2. Outros elementos em alface, amendoim, batata, soja, milho doce e trigo. **Journal of Agricultural and Food Chemistry** v. 31, p. 1244-1249, 1983.

Wrobel, J.K.; Wolff, G.; Xiao, R.; Power, R.F.; Toborek, M. Dietary selenium supplementation modulates growth of brain metastatic tumors and changes the expression of adhesion molecules in brain microvessels. **Biol. Trace Elem. Res.** v. 172, p. 395-407, 2016.

Wu, Z.; Yin, X.; Banuelos, G.S.; Lin, Z-Q.; Liu, Y.; Li, M.; Yan, L. Indicações de proteção do selénio contra a toxicidade do cádmio e do chumbo na colza (*Brassica napus* L.). Frontiers in Plant Science, publicado: 15 de dezembro de 2016 doi: 10.3389/fpls.2016.01875.Availablefrom:https://www.ncbi.nlm.nih.gov/pmc/articles/PMC5156728/ [Acedido em 21th dezembro 2017].

Xun, P.; Liu, K.; Morris, J.S.; Davilgus, M.L.; He, K. Associação longitudinal entre os níveis de selénio nas unhas dos pés e as medidas de aterosclerose subclínica: o estudo de oligoelementos CARDIA. **Atherosclerosis** v. 210(2), p. 662-667, 2010.

Yamamoto, M.; Yang, G.; Hong, C.; Liu, J.; Holle, E.; Yu, X.; Wagner, T.; Vatner, S.F.; Sadoshima, J. Inhibition of endogenous thioredoxin in the heart increases oxidative stress and cardiac hypertrophy. **J. Clin. Investig.** v. 112, p. 1395-1406, 2003.

Yamashita, Y.; Yamashita, M.; Iida, H. Conteúdo de selénio em marisco no Japão. **Nutrients** v. 5, p. 388-395, 2013.

Yan, L.; Yee, J.A.; Li, D.; McGuire, M.H.; Graef, G.L. A suplementação dietética de selenometionina reduz a metástase de células de melanoma em camundongos. **Anticancer Res.** v. 19(2A), p. 1337-1342, 1999.

Yang, Y.; Huang, F.; Ren, Y.; Xing, L.; Wu, Y.; Li, Z.; Pan, H.; Xu, C. Os efeitos anticancerígenos do selenito de sódio e da selenometionina em linhas celulares de carcinoma colorrectal humano em ratinhos nus. **Oncol. Res.** v. 18(1), p. 1-8, 2009.

Yang, G.Q.; Xia, Y.M. Estudos sobre as necessidades alimentares humanas e uma gama segura de ingestão alimentar de selénio e sua aplicação na prevenção de doenças endémicas relacionadas. **Biomed. Environ. Sci.** v. 8, p. 187-201, 1995.

Yoon, S-O.; Kim, M.M.; Chung, A-S. Efeito inibitório do selenito na invasão de células tumorais HT1080. **J. Biol. Chem.** v. 276(23), p. 20085-20092, 2001.

Yoshida, T.; Maulik, N.; Engelman, R.M.; Ho, Y.S.; Magnenat, J.L.; Rousou, J.A.; Flack, J.E.; Deaton D.; Das, D.K. Glutathione peroxidase knockout mice are susceptible to myocardial ischemia reperfusion injury. **Circulation** v. 96(9 Suppl), p. II216-II220, 1997.

Yoshida, T.; Watanabe, M.; Engelman, D.T.; Engelman, R.M.; Schley, J.A.; Maulik, N.; Ho, Y.S.; Oberley, T.D.; Das, D.K. Transgenic mice overexpressing glutathione peroxidase are resistant to myocardial ischemia reperfusion injury. **J. Mol. Cell Cardiol.** v. 28(8), p. 1759-67, 1996.

Yu, S.Y.; Zhu, Y.J.; Li, W.G. Papel protetor do selénio contra o vírus da hepatite B e o cancro primário do fígado em Qidong. **Biol. Trace Elem. Res.** v. 56, p. 117-124, 1997.

Zeng, H.; Botnen, J.H.; Johnson, I.K. Um modelo de células Caco-2 deficientes em selénio para avaliar a incorporação diferencial de selénio químico ou alimentar na glutationa peroxidase. **Biol. Trace Elem. Res.** v. 123, p. 98-108, 2008.

Zeng, H.; Briske-Anderson, M.; Idso, J.P.; Hunt, C.D. O metabólito do selênio metilselenol inibe o potencial de migração e invasão das células tumorais HT1080. **J. Nutr.** v. 136, p. 1528-1532, 2006.

Zeng, H.; Combs, G.F.Jr. Selenium as an anticancer nutrient: roles in cell proliferation and tumor cell invasion. **J. Nutr. Biochem.** v. 19(1), p. 1-7, 2008.

Zhao, R.; Domann, F.E.; Zhong, W. Apoptose induzida por selenometionina e metioninase é mediada por superóxido e dependente de p53 em células de cancro da próstata humano. **Mol. Cancer Ther.** v. 5(12), p. 3275-3284, 2006.

MIX
Papier aus verantwortungsvollen Quellen
Paper from responsible sources
FSC® C105338

Printed by Books on Demand GmbH, Norderstedt / Germany